Claudia Hovermann · Eike Hovermann

Das große Buch der Musterbriefe

Claudia Hovermann · Eike Hovermann

Das große Buch der Musterbriefe

Für die erfolgreiche
geschäftliche und private Korrespondenz

6., vollständig aktualisierte Auflage

humboldt

Bibliografische Information der Deutschen Nationalbibliothek
Die Deutsche Nationalbibliothek verzeichnet diese Publikation in der Deutschen Nationalbibliografie; detaillierte bibliografische Daten sind im Internet über http://dnb.ddb.de abrufbar.

ISBN 978-3-86910-765-3 (Print)
ISBN 978-3-86910-789-9 (PDF)

Die Autoren:
Claudia Hovermann ist Autorin zahlreicher Sekretariatsfachbücher. Sie ist Sekretärinnen-Trainerin mit dem Arbeitsschwerpunkt zeitgemäße Korrespondenz.
Eike Hovermann ist Geschäftsführer der „Akademie für Sekretariat und Büromanagement", Trainer und Dozent in der Erwachsenenbildung und Mitautor zahlreicher Veröffentlichungen im Bereich der modernen Korrespondenz.

Bisher sind folgende Titel der Autoren bei humboldt erschienen:

Eike Hovermann, „Briefe & E-Mails schreiben und gestalten nach DIN"
Die kommentierte DIN 5008, 4., aktualisierte Auflage, ISBN 978-3-86910-753-0

6., vollständig aktualisierte Auflage 2012

Eine Marke der Schlüterschen Verlagsgesellschaft mbH & Co. KG,
Hans-Böckler-Allee 7, 30173 Hannover
www.schluetersche.de
www.humboldt.de

Covergestaltung: DSP Zeitgeist GmbH, Ettlingen
Innengestaltung: akuSatz Andrea Kunkel, Stuttgart
Titelfoto: Getty Images/Ciaran Griffin
Satz: PER Medien+Marketing GmbH, Braunschweig
Druck: Grafisches Centrum Cuno GmbH & Co. KG, Calbe

Hergestellt in Deutschland.

Inhalt

Einleitung 16

Musterbriefe von A bis Z 21
Abmahnungen 21
Abmahnung an einen Mitarbeiter wegen Unpünktlichkeit (1. Abmahnung) 22
Abmahnung wegen Alkohol am Arbeitsplatz 23
Absagen 24
Absage eines Angebots: Der Preis ist zu hoch 28
Absage eines Angebots: Termin nicht eingehalten 29
Absage eines Angebots: Liefertermin zu spät 30
Absage auf eine Einladung zur Geburtstagsparty 31
Absage auf eine Einladung zum 50. Geburtstag 32
Absage auf eine Einladung zur Silberhochzeit 33
Absage einer geschäftlichen Einladung zum Betriebsjubiläum 34
Absage eines geschäftlichen Termins I 35
Absage eines geschäftlichen Termins II 36
Absage auf eine Bewerbung 37
Absage auf eine Bewerbung mit Behalt der Bewerbungsunterlagen 38
Absage auf eine Bewerbung um einen Ausbildungsplatz . . . 39
Absage auf eine Bewerbung mit ausführlicher Begründung 40
Absage einer Initiativbewerbung („Blindbewerbung") I . . . 41
Absage einer Initiativbewerbung („Blindbewerbung") II . . . 42
Absagen nach einem Vorstellungsgespräch 43
Anfragen 47
Anfrage für eine Kraftfahrzeugversicherung. 48
Anfrage für eine Dienstleistung 49
Allgemeine Anfrage: Lieferantenanfrage Elektroartikel 50

Allgemeine Anfrage für spezielle Branchen-Software 51
Angebote ... 52
Angebot eines Malermeisters ... 54
Angebot auf eine Produktanfrage ... 55
Angebot ohne genaue Angaben ... 56
Schriftverkehr mit **Banken** und Sparkassen ... 57
Sperrung einer Kredit- oder Scheckkarte ... 58
Beanstandung des Quartal-Rechnungsabschlusses ... 59
Beantragung eines höheren Dispositionskredites ... 60
Korrespondenz mit **Behörden** ... 61
Steuererklärung ... 62
Einspruch gegen einen Steuerbescheid ... 63
Rund ums Kindergeld ... 64
Bitte um Rentenauskunft ... 65
Anfrage nach der Höhe der Rente ... 65
Bitte um Übersicht über den Versicherungsverlauf ... 66
Betriebsprüfung soll verschoben werden ... 67
Antrag eines Arbeitslosen auf Sonderurlaub ... 68
Beschwerdebriefe ... 69
Schreiben an den Besitzer des Nachbarhauses ... 70
Schreiben an einen Lebensmittelhersteller ... 71
Beschwerde an einen Partyservice ... 72
Beschwerdeschreiben an das Ordnungsamt ... 73
Schreiben an einen Handwerksbetrieb ... 74
Bestätigungsschreiben ... 75
Bestätigung eines Liefertermins ... 75
Bestätigung einer Vereinbarung ... 76
Terminbestätigungen ... 77
Bestätigung für ein eingegangenes Angebot ... 79
Bewerbungen ... 80
Bewerbung als Marketingleiterin ... 82
Bewerbung um einen Ausbildungsplatz als Optiker ... 83
Bewerbung als Fonotypistin ... 84

Bewerbung als Fremdsprachensekretärin 85
Bewerbung für eine Stelle im Außendienst 86
Bewerbung als Heizungstechniker 87
Bewerbung als Kosmetikerin 88
„Blind"-Bewerbung auf eine Stelle im PR-Bereich 89
Bewerbung als Speditionskauffrau 91
Bewerbung für ein Praktikum 92
Bewerbung um ein Trainee-Programm 93
Bewerbung als Werkzeugmacher 94
Lebensläufe 95
Danksagungen 98
Danksagung fürs Blumengießen und Haushüten 99
Dankschreiben für die Beschaffung eines Ferienjobs 100
Danke für einen besonders guten Nachhilfeunterricht 101
Dankschreiben für ein schönes Hochzeitsgeschenk I 102
Dankschreiben für ein schönes Hochzeitsgeschenk II 103
Dankschreiben für die Überraschungsparty 104
Danke für einen schönen Abend 105
Einladungen 106
Private Einladung zur Cocktailparty 107
Einladung zur betrieblichen Weihnachtsfeier 108
Einladung zur Mitgliederversammlung eines Vereins 109
Einladung einer Galerie zu einer Vernissage
während einer Messe 110
Einladung zu einer Geschäftseröffnung 111
Einladung zur Verlobungsfeier 112
Empfehlungsschreiben 113
Empfehlungsschreiben für eine Putzfrau 113
Empfehlungsschreiben für eine Haushälterin 114
Empfehlungsschreiben für einen Babysitter 115
Entschuldigungen 116
Ein verspäteter Ostergruß. 117
Verspätete Geburtstagsgrüße 118

Entschuldigungsbrief an einen Freund wegen einer Überreaktion . . . 119
Entschuldigungsbrief an eine Freundin . . . 120
Entschuldigung an einen Freund wegen eines vergessenen Termins . . . 121
Antwort auf ein Beschwerdeschreiben . . . 122
Entschuldigungsbrief eines Reisebüros . . . 123
Antwort auf eine Reklamation . . . 124
Entschuldigungsbrief eines Vorgesetzten an seinen Mitarbeiter . . . 125
Entschuldigung an einen Vorgesetzten . . . 126

Briefe zu **Geburt** & **Taufe** . . . 127
Glückwünsche an die Freundin zur Geburt einer Tochter . . . 127
Brief zur Geburt eines Kindes an Bekannte, Freunde und Verwandte . . . 128
Brief der Eltern an die Großeltern . . . 129
Brief an die Kollegen . . . 130
Glückwünsche zur Taufe . . . 131
Zusage zu einer Einladung zur Taufe . . . 132
Einladung zu einer Taufe . . . 133
Danksagung nach einer Taufe . . . 134
Glückwünsche an den „frisch gebackenen“ Vater . . . 135

Geburtstagsbriefe . . . 136
Geburtstagsbrief der Tochter an ihre 75-jährige Mutter . . . 136
Geburtstagsbrief des Sohnes an seinen 65-jährigen Vater . . . 137
Geburtstagsbrief eines Sohnes, der zum Geburtstag seines Vaters nicht anreisen kann . . . 138
Geburtstagsbrief der Tochter an ihre Mutter I . . . 139
Geburtstagsbrief der Tochter an ihre Mutter II . . . 140
Glückwünsche für die verschiedenen Sternzeichen: . . . 141
Geburtstagsbrief an einen Widder . . . 141
Geburtstagsbrief an einen Stier . . . 142
Geburtstagsbrief an einen Zwilling . . . 143

Geburtstagsbrief an einen Krebs 144
Geburtstagsbrief an einen Löwen 145
Geburtstagsbrief an eine Jungfrau 146
Geburtstagsbrief an eine Waage 147
Geburtstagsbrief an einen Skorpion 148
Geburtstagsbrief an einen Schützen 149
Geburtstagsbrief an einen Steinbock 150
Geburtstagsbrief an einen Wassermann 151
Geburtstagsbrief an einen Fisch 152
Genesungswünsche 153
Brief an eine Freundin im Krankenhaus 154
Brief an einen an Masern erkrankten Freund 155
Brief an einen Kollegen 156
Vor einer Operation 157
Genesungswunsch an die Oma 158
Gratulations- und Glückwunschschreiben 159
Kurze Glückwünsche zur Hochzeit 160
Glückwünsche zur Hochzeit eines Kollegen 161
Glückwünsche an ein Brautpaar, das schon länger zusammengelebt hat 162
Glückwünsche zum Hochzeitstag an den Partner, die Partnerin 163
Grüße 164
Grüße an die Eltern 165
Urlaubsgrüße an die Kollegen 166
Grüße an die Oma 167
Grüße an eine Urlaubsbekanntschaft 168
Grüße an eine entfernte Tante 169
Korrespondenz rund um **Hotel & Urlaub** 170
Minderung des Reisepreises 172
Reservierung eines Zimmers 173
Reiserücktritt 174

Reservierung eines Campingplatzes 175
Zimmeranfrage mit vorbereiteter Antwort I 176
Zimmeranfrage mit vorbereiteter Antwort II 177
Anfrage Fremdenverkehrsamt 178
Jubiläumsschreiben 179
Gratulationsschreiben zum 10-jährigen Mitarbeiterjubiläum mit Einladung zur Feierstunde 179
Gratulationsschreiben zum 25-jährigen Firmenjubiläum . . . 180
Schreiben zu **Kommunion, Konfirmation und Firmung** 181
Glückwunsch zur Konfirmation I 181
Glückwunsch zur Konfirmation II 182
Danksagung für die Konfirmationsgeschenke. 183
Absage einer Einladung zur Kommunion 184
Absage auf eine Einladung zur Konfirmation 185
Gratulation zur Firmung 186
Danksagung nach der Firmung für die Geschenke 187
Kondolenzbriefe 188
Kondolenzbrief an die Familie eines verstorbenen Nachbarn 192
Kondolenzbrief an die Ehefrau eines verstorbenen Geschäftspartners 193
Ein Mitglied des Vorstands ist gestorben 194
Die Frau eines Mitarbeiters ist gestorben. 195
Die Tochter eines Nachbarn ist verstorben 196
Kündigungen 197
Kündigung eines Versicherungsvertrages 198
Kündigung des Arbeitsverhältnisses wegen Arbeitsplatzwechsels 198
Kündigung eines Zeitschriftenabonnements 199
Fristlose Kündigung eines Mitarbeiters 200
Kündigung eines Mietvertrages wegen unzulässigen Verhaltens des Mieters 201
Kündigung einer Versicherung 202

Mahnungen ... 203
1. Mahnung ... 205
Zahlungserinnerung ... 206
1. Mahnung: allgemeine Erinnerung I ... 207
1. Mahnung: allgemeine Erinnerung II ... 208
1. Mahnung: humorvolle Erinnerung ... 209
2. Mahnung ... 210
2. Mahnung: Ködern Sie den Kunden mit günstigen Konditionen ... 211
2. Mahnung: Berechnung von Mahngebühren und Lieferstopp ... 212
Teilzahlungs-Angebot und Mahngebühren ... 213
Motivationsschreiben ... 214
Motivationsbrief an alle Mitarbeiter zum Firmenjubiläum ... 215
Motivationsbrief nach dem Tod des Firmenchefs ... 216
Neujahrsgrüße ... 217
Neujahrsbrief an einen Geschäftskollegen ... 218
Neujahrsgrüße an einen guten Freund ... 219
Vorgezogene Neujahrsgrüße ... 220
Neujahrsgruß an eine Mitarbeiterin ... 221
Neujahrsgrüße an eine Geschäftspartnerin ... 222
Osterbriefe ... 223
Ein fröhliches Osterfest ... 223
Fröhliche Ostern ... 224
Mitteilungen über **Preiserhöhungen** ... 225
Mitteilung über eine Preiserhöhung eines Papierlieferanten an seine Kunden ... 226
Information über eine Preiserhöhung einer Spedition an ihre Kunden ... 227
Pressemitteilungen ... 228
Pressemitteilung I ... 229
Pressemitteilung II ... 230
Pressemitteilung III ... 230

Pressemitteilung/Begleitschreiben ... 231
Pressemitteilung/Anschreiben und Text in einem ... 232
Reklamationsschreiben ... 233
Reklamation einer Falschlieferung ... 234
Reklamation bei Kauf eines Gegenstandes mit zugesicherter Eigenschaft ... 235
Antwort auf Reklamationsschreiben ... 236
Schriftwechsel mit der **Schule** ... 237
Entschuldigung für ein Schulkind ... 238
Anmeldung wegen Umzugs in eine andere Stadt ... 239
Befreiung vom Religionsunterricht ... 239
Verbesserung der Aufsicht ... 239
Sonstige Briefe ... 240
Ich will keine Werbung mehr! ... 240
Strafanzeige bei der Polizei ... 241
Dienstaufsichtsbeschwerde ... 242
Verschiebung eines Zeugentermins ... 243
Spendenaufrufe ... 244
Spendenaufruf für eine Wohltätigkeitsveranstaltung ... 244
Spendenaufruf für eine Geldspende an ein Kinderheim ... 245
Schreiben rund um die **Steuer und das Finanzamt** ... 246
Einspruch gegen einen Steuerbescheid mit Begründung ... 246
Antrag auf beschleunigte Bearbeitung ... 247
Einspruch gegen einen Steuerbescheid ... 248
Bitte um Fristverlängerung ... 249
Rücknahme eines Einspruchs ... 249
Schriftverkehr während des **Studiums** ... 250
Anfrage zur Immatrikulation ... 250
Benachrichtigung wegen Nichtteilnahme an einer Klausur 251
Korrespondenz beim **Umzug** ... 252
Einweihungsparty nach einem Umzug ... 253
Mitteilung über die neue Geschäftsadresse ... 254
Neue Privatadresse ... 255

Neue Telefonnummer ... 256

Vereinsbriefe ... 257

Begrüßung eines neuen Mitgliedes ... 257

Mitgliederrundschreiben ... 258

Rundschreiben zur Beitragserhöhung ... 259

Kündigung der Vereinsmitgliedschaft ... 260

Schriftwechsel mit **Versicherungen** ... 261

Inanspruchnahme einer Reiserücktrittskostenversicherung 261

Inanspruchnahme einer Krankenhaustagegeldversicherung 262

Änderung der Bezugsberechtigung einer Lebensversicherung 263

Korrespondenz anlässlich des **Wehrdienstes** ... 264

Antrag für einen neuen Musterungstermin ... 264

Antrag auf Rückstellung vom Wehrdienst ... 265

Widerspruch gegen den Musterungsbescheid ... 266

Weihnachtsbriefe ... 267

Weihnachtsbrief der Eltern an ihre Kinder ... 268

Vorweihnachtsbrief ... 269

Weihnachtsbrief an einen guten Kunden ... 270

Kurzer Weihnachtsbrief an einen Arbeitskollegen ... 210

Weihnachtskarte ... 272

Werbebriefe ... 273

Werbebrief eines Tagungshotels ... 273

Werbebrief für ein Seminar ... 274

Schreiben rund um **Wohnung und Miete** ... 275

Haustierhaltung ... 275

Anfrage Parkplatzvermietung ... 276

Kündigung einer Garage ... 276

Beschwerde an den Vermieter I ... 277

Beschwerde an den Vermieter II ... 278

Zwischenbescheide ... 279

Zwischenbescheid für eine Chefsekretärin ... 279

Zwischenbescheid für eine Bürokauffrau ... 280

Zwischenbescheid für einen Maschinenschlosser ... 281

100 Tipps von A bis Z für die korrekte Briefform 282

Abkürzungen 282
Absätze 283
Anführungszeichen 283
Anlagevermerk 284
Anrede 285
Anschriften, Ausland/ Auslandsanschriften .. 298
Anschriften, Inland/ Inlandsanschriften ... 299
Anschriftfeld 300
Aufzählungen 303

Bankleitzahlen 303
Berufsbezeichnungen ... 303
Betreff 303
Bezüglich 304
Bezugszeichenzeile 304
Bindestrich 305
Blocksatz 305
Briefanfang 305
Briefbogen 306
Briefende 306
Briefmarken 308
Bruchstrich 308

c/o 309
Computer 300

Datum 310
Diktatzeichen 310
Diktieren 311
DIN 5008 313
DIN 676 313
Doktor 313
Durchwahlnummern ... 314

Einrücken 314
Elektronische Post 314
E-Mail-Adressen 315
Etiketten 315

Faksimile 315
Fax 316
Fettschrift 316
Firma 316
Folgeseiten 316
Fragezeichen 317
Freistempler 317
Fremdwörter 317
Füllwörter 318

Gästebuch 318
Gedankenstrich 320
Gegen-Zeichen 320
Grußformeln 320

Handschrift 321
Herr/Herrn 321
Hervorhebungen 322

i.A. 322
Ich 322

Informationsblock 323

Klammern 324
Komma 324
Kontonummern 324

Länderkennzeichen 324
Länge eines Briefes 324

Nach Diktat verreist 325
Nummern 325

Ortsteilnamen 325

Persönlich 326
Postfachnummern 327
Postleitzahlen. 327
ppa. 327
Professor 327
Promille- und
Prozentangaben 328
PS. 328
Punkt 329

Rechenzeichen. 329
Rechtschreibung 330

Satzzeichen 330
Schrift 330
Schriftart, Schriftgrößen 331
Seitennummerierung . . . 331
Seitenränder. 332
Sperren 332

Telefax. 332
Telexnummern 333
Titel. 333

Uhrzeitangaben 333
Unterschrift. 334
Unterstreichungen 334

i.V. 335
Versendungsvermerk . . . 335
Verteiler. 336

Währungszeichen und
Münzbezeichnungen . . . 337

Zahlen 338
Zeilenabstand. 341
Zu Händen. 341

Register 343

Einleitung

Die Zeiten ändern sich – heißt es so schön.
Und tatsächlich: Sei es der Baustil, das Autodesign oder auch die Mode; fast alles ist einem rapiden Änderungsprozess unterworfen. In den letzten 50 Jahren hat sich wahrhaft so einiges geändert.
Doch die Korrespondenz, der Briefstil, ist vielerorts noch so wie vor 50 Jahren. Floskeln wie „Bezug nehmend auf das soeben mit Ihnen geführte Telefonat" – „Für heute verbleiben wir" stehen für verstaubte, altmodische nicht mehr zeitgemäße Korrespondenz. Veralteter Briefstil ist umständlich und langatmig. Häufig wird er aus dem falschen Verständnis heraus angewandt, dass ein Brief nur so höflich verfasst sein könne. Doch dies ist ein Irrtum, wie dieses Buch aufzeigen wird.
Was kennzeichnet die zeitgemäße Korrespondenz? Ist es wirklich so wichtig, andere Formulierungen als die bisherigen zu verwenden? Vor allem: Man hat sich doch so herrlich daran gewöhnt. Eine Umorientierung, das Schreiben von „anderen" Briefen, kostet doch nur Zeit und bringt sonst gar nichts. Oder doch?
Um zu verdeutlichen, wie wichtig es ist, den alten Korrespondenzstil „über Bord zu werfen", bedarf es einer prinzipiellen Erkenntnis. Die Korrespondenz, mit der sich dieses Buch beschäftigt, ist eine zeitgemäße und keine moderne Korrespondenz. Denn „modern" beinhaltet, dass es sich um einen Trend handelt, der, wie eine Moderichtung, wieder vorübergeht. Zeitgemäße Korrespondenz aber bedeutet, dass die Zeit, in der wir leben, es erfordert, sich für einen anderen Briefstil zu entscheiden.
Wenn Sie die Entwicklung in den Medien, Fernsehen und Presse, betrachten: Der Trend geht hin zu kurzen Meldungen, „appetitlich" aufbereitet, damit die Informationsaufnahme leichter fällt.

Kein Wunder also, wenn lange Briefe, die sich möglicherweise sogar über zwei Seiten erstrecken, nur ungern oder gar widerwillig gelesen werden. Eine Ausnahme bilden natürlich private, handgeschriebene Briefe.

Denken Sie doch nur einmal an die Geschäftspost, die Sie erhalten. Sie öffnen den Briefumschlag und heraus fällt ein mehrseitiges Schreiben. Lesen Sie diesen Brief von vorne bis hinten durch? Oder versuchen Sie vielmehr, das Schreiben zu überfliegen, um so an die wichtigsten Informationen zu gelangen?

Stehlen Sie Ihren Korrespondenzpartnern nicht länger ihre Zeit mit langen Briefen und umständlichen Formulierungen. Verstecken Sie Ihre Nachricht/Information nicht in schwer verständlichen Satzkonstruktionen. Erleichtern Sie den Empfängern Ihrer Korrespondenz, alles Wesentliche schnell zu erfassen.

Die Kunst besteht darin, einen floskelfreien und dennoch höflichen Brief zu schreiben. Viele Schreiber haben erkannt, dass man Dinge besser direkt anspricht, anstatt „um den heißen Brei herum zu reden". Doch leider bleibt die Atmosphäre des Briefes dabei auf der Strecke. Er hört sich abgehackt, ja geradezu militärisch an.

Kürzen Sie deshalb Ihre Korrespondenz nicht um jeden Preis auf die wesentlichsten Formulierungen zusammen, sondern versuchen Sie, Floskeln zu ersetzen.

Auf den folgenden Seiten finden Sie als „Einstieg" einen Original-Geschäftsbrief, ein Original-Fax und eine E-Mail.

Original-Geschäftsbrief

AKADEMIE
FÜR SEKRETARIAT
UND BÜROMANAGEMENT

Akademie · Wiedenbrücker Straße 12 · 59555 Lippstadt

Claudia Hovermann
Wiedenbrücker Straße 12
59555 Lippstadt

29. November 2008

Ihre Seminaranmeldung

Sehr geehrte Frau Hovermann,

schön, dass Sie sich zum Seminar angemeldet haben - Ihr Platz ist für Sie reserviert:

Tatort Büro: Konfliktmanagement intensiv
23. bis 24. Mai 2009 in München

Sobald die erforderliche Mindestteilnehmerzahl erreicht ist und das Seminar stattfinden kann, erhalten Sie spätestens vier Wochen vor dem Termin alle erforderlichen Informationen. Die Seminarunterlagen werden Ihnen während der Veranstaltung ausgehändigt.

Wenn Sie zwischenzeitlich Fragen haben, können Sie mich gerne anrufen.
Tel: 02941 9661-0.

Mit freundlichen Grüßen

Akademie für Sekretariat und Büromanagement

i. A. Jochen Brode

Jochen Brode

PS: Bitte prüfen Sie Ihre Adresse und, falls nötig, korrigieren Sie diese per Fax, damit wir Sie in Zukunft richtig anschreiben können. Vielen Dank!

Die Akademie für Sekretariat und Büromanagement ist eine Leistungsmarke der Akademie für die Deutsche Wirtschaft GmbH

Wiedenbrücker Straße 12 · 59555 Lippstadt
Telefon: 02941 9661-0 · Fax: 02941 9661-09
Internet: www.akademie-gruppe.de
E-Mail: info@akademie-gruppe.de
Geschäftsführer: Eike Hovermann jun.

AKADEMIE FÜR DIE® DEUTSCHE WIRTSCHAFT

Handelsregister Lippstadt HRB 2267
Volksbank Bad Waldliesborn
(BLZ 412 600 06) Kto. 207 080 300
Commerzbank Lippstadt
(BLZ 472 400 47) Kto. 821 433 000

Original-Fax

AKADEMIE FÜR SEKRETARIAT UND BÜROMANAGEMENT

AKADEMIE FÜR DIE DEUTSCHE WIRTSCHAFT

AKADEMIE MED

Akademie-Gruppe – Wiedenbrücker Straße 12 - 59555 Lippstadt

An: Wundermann Hotel am Dom - Bankettabteilung

Fax: 0221 12345-55

Telefon: Datum: 25. Oktober 2008

Betreff: Terminanfrage 2009

❑ Dringend ❑ Zur Erledigung ❑ Zur Stellungnahme ❑ Zur Kenntnis ❑ Mit bestem Dank zurück

Sehr geehrte Damen und Herren,

bitte machen Sie mir für die Termine 4. März 2009 und 14. November 2009 ein Angebot und senden Sie mir eine Bankettmappe zu.

- 1 Tagungsraum mit Tageslicht für 15-20 Personen
- 1 Kaffeepause vormittags
- 1 Mittagessen
- 1 Kaffeepause nachmittags
- Standardtechnik
- Tagungsgetränke

Ich benötige zudem eine feste Übernachtung für den Referenten und ein Abrufkontingent von 10 Einzelzimmern für die Teilnehmerinnen jeweils vom Vortag auf den Seminartag.

Welche kostenfreie Stornofrist bieten Sie an?

Bei Fragen erreichen Sie mich unter 02941 9661-0.

Freundliche Grüße aus Lippstadt

Akademie für die Deutsche Wirtschaft

Eike Hovermann

Wiedenbrücker Straße 12, 59555 Lippstadt Telefon: 02941 9661-0, Fax: 02941 9661-09
Internet: www.akademie-gruppe.de, E-Mail: info@akademie-gruppe.de

Original-E-Mail

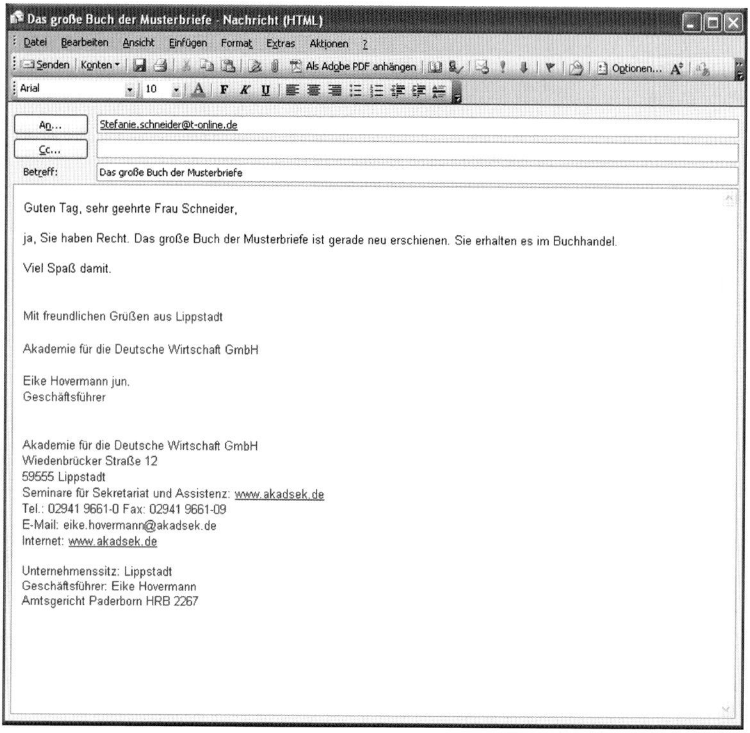

Das große Buch der Musterbriefe - Nachricht (HTML)

An... Stefanie.schneider@t-online.de

Cc...

Betreff: Das große Buch der Musterbriefe

Guten Tag, sehr geehrte Frau Schneider,

ja, Sie haben Recht. Das große Buch der Musterbriefe ist gerade neu erschienen. Sie erhalten es im Buchhandel.

Viel Spaß damit.

Mit freundlichen Grüßen aus Lippstadt

Akademie für die Deutsche Wirtschaft GmbH

Eike Hovermann jun.
Geschäftsführer

Akademie für die Deutsche Wirtschaft GmbH
Wiedenbrücker Straße 12
59555 Lippstadt
Seminare für Sekretariat und Assistenz: www.akadsek.de
Tel.: 02941 9661-0 Fax: 02941 9661-09
E-Mail: eike.hovermann@akadsek.de
Internet: www.akadsek.de

Unternehmenssitz: Lippstadt
Geschäftsführer: Eike Hovermann
Amtsgericht Paderborn HRB 2267

Musterbriefe von A bis Z

Abmahnungen

Abmahnungen haben Hinweis- und Warnfunktion. Sie sollen den Mitarbeiter auf ein **Fehlverhalten** hinweisen und ihm gleichzeitig klarmachen, dass, wenn er sein Verhalten nicht ändert, er mit einer Kündigung rechnen muss.
Viele Kündigungen werden heutzutage vor Arbeitsgerichten angefochten, da diesen oft keine Abmahnung vorausgegangen ist. Deshalb sind Abmahnungen, ihre Handhabung und die richtige Formulierung für Unternehmen besonders wichtig

Mögliche Gründe, die zu einer Abmahnung führen könnten:
- Wiederholtes Zuspätkommen
- Verstoß gegen das betriebliche Alkoholverbot
- unerlaubte Nebentätigkeit
- Nichterfüllung der Leistung
- Verletzung der Nachweispflicht im Krankheitsfall
- eigenmächtiger Urlaubsantritt
- unentschuldigtes Fehlen

Diese Elemente sollte Ihre Abmahnung enthalten:
1. Genaue Beschreibung des Fehlverhaltens unter Angabe von Ort, Datum und Uhrzeit. Ausdruck der Missbilligung des Verhaltens.
2. Anweisungen über zukünftiges korrektes Verhalten.
3. Hinweis auf die Konsequenzen für ein erneutes Fehlverhalten.

Achten Sie darauf, dass Sie umgehend abmahnen; möglichst innerhalb einer Woche, spätestens jedoch 14 Tage nach dem Fehlverhalten.

Abmahnung an einen Mitarbeiter wegen Unpünktlichkeit (1. Abmahnung)

Abmahnung

Sehr geehrter Herr Müller,

leider haben Sie zum wiederholten Male in grober Weise gegen Ihren Arbeitsvertrag verstoßen. Sie erschienen gestern 45 Minuten zu spät an Ihrem Arbeitsplatz. Da dies leider nicht das erste Mal ist und Sie Ihr Meister, Herr Piele, schon zweimal mündlich verwarnt hat, müssen wir dies nun schriftlich und mit einer Kopie für Ihre Personalakte tun.

Wir werden Ihr Verhalten in Zukunft nicht mehr tolerieren können und haben Herrn Piele darauf hingewiesen, in den nächsten Monaten besonders auf Sie zu achten.

Zu Ihrem eigenen Vorteil weisen wir Sie mit Nachdruck darauf hin, dass bei weiteren Verstößen dieser Art eine Kündigung Ihres Arbeitsverhältnisses erfolgen kann.

Bitte quittieren Sie den Erhalt dieser Abmahnung, von der eine Kopie zu Ihren Personalakten genommen wird, durch Ihre Unterschrift.

S&S

Gert Steiner
Geschäftsführer

Empfangsbestätigung

Diese Abmahnung habe ich persönlich erhalten und gelesen.

____
Ort, Datum und Unterschrift des Arbeitnehmers

Abmahnung wegen Alkohol am Arbeitsplatz

Abmahnung

Sehr geehrter Herr Romweber,

Sie haben zum zweiten Male gegen Ihren Arbeitsvertrag verstoßen, indem Sie angetrunken zur Arbeit erschienen sind und Mühe hatten, die Augen offen zu halten und Ihre Arbeit zu erledigen.

Alle hinzugezogenen Zeugen konnten diesen Eindruck bestätigen und könnten dies auch bei einem Arbeitsgerichtsprozess vor Gericht bezeugen.

Bereits vor zwei Wochen erschienen Sie an Ihrem Arbeitsplatz, nachdem Sie wohl kurz vorher Alkohol zu sich genommen hatten.

Wir weisen Sie darauf hin, dass wir dieses Verhalten nicht tolerieren können und bei einem weiteren Verstoß gegen Ihren Arbeitsvertrag eine Kündigung aussprechen werden.

Quittieren Sie bitte den Erhalt Ihrer Abmahnung, von der eine Kopie zu Ihren Personalakten genommen wird, durch Ihre Unterschrift.

Brühl & Partner

Jörg Brühl
Geschäftsführer

Empfangsbestätigung

Diese Abmahnung habe ich persönlich erhalten und gelesen.

____

Ort, Datum und Unterschrift des Arbeitnehmers

Absagen

Egal ob im privaten oder beruflichen Bereich, das Formulieren von Absagen bereitet den meisten Menschen Schwierigkeiten. Und tatsächlich ist es gar nicht so einfach, die richtigen Worte zu finden, wenn Sie beispielsweise

- eine Einladung zu einer Feier,
- einen Termin oder
- einem Bewerber absagen.

Unhöfliche Menschen umgehen das Problem, die richtigen Worte finden zu müssen, indem sie ganz einfach nichts von sich hören lassen. Doch das ist schlechter Stil. Auch wenn es schwer fällt: Machen Sie sich die Mühe und versenden Sie Absagen, die höflich und freundlich sind. So werden Sie von Freunden erneut eingeladen und von Geschäftspartnern weiterhin geschätzt.

Versetzen Sie sich in die Lage des Empfängers, das hilft Ihnen, die richtigen Worte zu finden, die sich nicht nach leerem Geschwätz und fadenscheinigen Ausreden anhören, sondern die der Empfänger ernst nimmt.

Die verschiedenen Absagen und was Sie darüber wissen sollten

Absagen auf Bewerbungen

Mit jedem Schriftstück das Sie, beziehungsweise eine Mitarbeiterin oder ein Mitarbeiter verschicken, repräsentieren Sie Ihr Unternehmen – das gilt auch für Absagen auf Bewerbungen und nach erfolglosen Vorstellungsgesprächen. Ihr Ziel sollte es sein, egal mit welchem Schreiben, Ihr Unternehmen optimal darzustellen. Legen Sie deshalb größten Wert darauf, dass auch Absageschreiben gut formuliert sind und die Corporate Identity Ihres Unternehmens bestmöglich zum Ausdruck gebracht wird. Ein „negativer Bescheid", wie es in der Amtssprache so schön heißt, kann für einen Bewerber sehr frustrierend sein. Geben Sie sich mit Ihrem Anschreiben alle Mühe, dass Er oder Sie die Absage nicht als Niederlage betrachtet, sondern machen Sie Mut und

motivieren Sie. Das allerdings funktioniert nicht mit Formulierungen wie „leider können wir Ihnen keine Ihren Qualifikationen entsprechende Stelle anbieten". Diese verbrauchte alte Floskel gehört nicht mehr in eine zeitgemäße Korrespondenz.
Ein anderes Argument dafür, dass Sie sich von antiquierten Standardfloskeln lösen sollten: Sie wissen sicher aus eigener Erfahrung, wie zeitintensiv es ist, eine vollständige Bewerbungsmappe zusammenzustellen. Und außerdem haben Sie die Enttäuschung, die ein Bewerber beim Erhalt einer Absage empfindet, vielleicht schon selber einmal erfahren. Vor diesem Hintergrund sollten Unternehmen sich bemühen, ihre Absagen an Bewerber individueller zu gestalten und ihm so zu zeigen, dass man sich wirklich mit seiner Bewerbung auseinander gesetzt hat. Lassen Sie die Bewerber, die für die Stelle nicht infrage kommen, nicht zu lange auf eine Absage warten, sondern reagieren Sie möglichst schnell. Berücksichtigen Sie aber auch, dass vermeintlich gute Bewerber in einem persönlichen Gespräch möglicherweise enttäuschen.
Deshalb sollten Sie immer noch zwei bis drei Bewerber in petto haben, falls „die erste Wahl" sich als doch nicht so positiv herausstellt. Ist die ausgeschriebene Stelle endgültig besetzt, versenden Sie die verbleibenden Absagen unmittelbar.
Bewerber, die sich in Ihrem Unternehmen vorgestellt haben, sollten den Grund erfahren, warum die Wahl letztlich doch nicht auf sie gefallen ist. Nur so helfen Sie den Bewerbern, irgendwann doch die Stelle zu finden, die sie sich wünschen. Und mal ganz ehrlich: Es ist doch überhaupt nicht schwierig, den Grund zu nennen, warum man sich gegen oder für einen Bewerber entschieden hat, oder?

Das sollte eine gute Absage enthalten:

- Die Betreffzeile sollte dem Empfänger ermöglichen, den Brief eindeutig zuzuordnen.
- Sprechen Sie den Empfänger persönlich, mit seinem Namen, an. Allgemeine Formulierungen, wie „Sehr geehrter Bewerber" sind unangebracht.

- Bedanken Sie sich für die Bewerbung.
- Geben Sie einen Grund für die Absage an.
- Enden Sie mit guten Wünschen für die Zukunft.
- Nutzen Sie den Anlagevermerk.

Absagen im Einkauf

Viele Angebote, die ein Unternehmen erhält, landen achtlos und unkommentiert im Papierkorb. Selbst angeforderte Angebote werden, wenn „Sie davon keinen Gebrauch machen möchten", entsorgt und der Anbieter erfährt nicht, warum die Wahl nicht auf ihn gefallen ist. Natürlich sind Sie Anbietern keine Rechenschaft schuldig; rein rechtlich betrachtet, verhalten Sie sich völlig korrekt: Keine Antwort bedeutet eine Absage. Ein Angebot führt nur zu einem rechtsgültigen Vertrag, wenn es ausdrücklich angenommen wird. Ohne eine so genannte Annahmeerklärung kommt kein Vertrag zustande.

Wenn Sie sich allerdings nicht die Mühe machen, ein Angebot abzusagen, nehmen Sie sich die Chance, dass Ihnen der Anbieter ein günstigeres Angebot macht. Eine Absage auf ein Angebot ist also nicht nur höflich, sondern kann auch ganz eigennützig betrachtet werden. Außerdem bauen Sie mit einer begründeten Absage für die Zukunft vor: Der Anbieter erfährt, was Ihnen wichtig ist und kann sich bei zukünftigen Angeboten optimal auf Sie einstellen oder sich überlegen, ob es überhaupt lohnt, Ihnen Angebote zu unterbreiten, wenn er Ihre Anforderungen nicht erfüllen kann.

Falls Sie mit Ihrer Absage die Möglichkeit zur Nachkalkulation geben, nennen Sie einen Termin, bis wann das Angebot vorliegen soll. Beschreiben Sie außerdem möglichst genau, innerhalb welcher Grenzen das Angebot nicht konkurrenzfähig ist.

Absagen von Einladungen und Terminen

Man kann nicht auf zwei Hochzeiten tanzen und deshalb passiert es immer wieder, dass Sie entweder Termine nicht wahrnehmen oder Einladungen nicht folgen können.

Sie müssen und sollten nicht jeden Termin und jede Einladung schriftlich absagen, das wäre aufwändig und würde übertrieben wirken. Häufig reicht der Griff zum Telefon. Zu bestimmten Gelegenheiten aber ist die schriftliche Absage ein Muss. So zum Beispiel, wenn Sie der Einladung zu einer Hochzeitsfeier oder einem runden Geburtstag nicht folgen können.
Auch bei wichtigen geschäftlichen Terminen macht die schriftliche Absage einen besseren Eindruck.

Das sollte eine solche Absage enthalten:

- Begründen Sie kurz und vor allem glaubwürdig, weshalb Sie verhindert sind.
- Bringen Sie Ihr Bedauern zum Ausdruck.
- Gratulieren Sie, senden Sie Ihre Glückwünsche beziehungsweise wünschen Sie, dass die Veranstaltung ein Erfolg wird.
- Nennen Sie gegebenenfalls einen Alternativtermin.
- Sagen Sie so schnell wie möglich ab, damit der Einladende planen und organisieren kann.

U. A. w. g.

Was heißt „U. A. w. g."? Sie finden diese Abkürzung auf vielen Einladungen. Ganz einfach: Um Antwort wird gebeten. Das französische Pendant mit gleicher Bedeutung lautet R.s.v.p – Respondez s'il vous plaît. Auch diese Abkürzung findet sich immer häufiger auf Einladungen. Sollten Sie auf die eine oder andere Formulierung stoßen, so ist dies eine eindeutige Aufforderung, die Absage in schriftlicher Form zu geben.

Checkliste

1. Haben Sie sich für die Einladung, die Bewerbung oder das Angebot bedankt?
2. Haben Sie rechtzeitig abgesagt? Je eher Sie absagen, umso fairer und glaubwürdiger ist Ihre Absage.

3. Enthält Ihre Absage alle wichtigen Informationen, um sie eindeutig einer bestimmten Einladung, einer bestimmten Bewerbung, einem aktuellen Angebot oder einem Termin zuzuordnen?
4. Haben Sie den Empfänger persönlich angesprochen? Nur so vermeiden Sie den Eindruck standardisierter Pauschal-Absagen.
5. Ist Ihre Absage freundlich und verbindlich formuliert? Geben Sie dem Empfänger mit Ihrer Absage die Chance, sein Gesicht zu wahren?
6. Haben Sie die Gründe für Ihre Entscheidung verständlich und nachvollziehbar dargestellt?
7. Haben Sie einen positiven und „versöhnlichen“ Abschluss für Ihre Absage gefunden?

Absage eines Angebots: Der Preis ist zu hoch

Ihr Angebot vom ...

Sehr geehrter Herr Richardt,

vielen Dank für Ihr Angebot.

Wir haben es sowohl preislich als auch bezüglich des Leistungsumfangs mit dem der Mitbewerber verglichen; andere Unternehmen können zu günstigeren Konditionen liefern.

Ende nächster Woche, also am ..., werden wir uns endgültig für einen Anbieter entscheiden. Wenn Sie eine Möglichkeit sehen, Ihr Angebot nachzukalkulieren, senden Sie es uns bitte bis zum ... zu.

Vielen Dank.

Freundliche Grüße

Mertens & Co.

Britta Weber

Absage eines Angebots: Termin nicht eingehalten

Ihr Angebot vom ...

Sehr geehrte Frau Schneider,

haben Sie vielen Dank für Ihr Angebot über die Lieferung und Installation einer neuen Produktionsstraße in unserem Unternehmen.

Lieferbedingungen, Leistungsspektrum und Preis waren sehr interessant für uns. Leider hat uns Ihr Schreiben aber ein paar Tage zu spät erreicht. Wir hatten uns schon für einen anderen Anbieter entschieden.

Bei der nächsten Ausschreibung werden wir wieder an Sie denken. Bitte halten Sie uns aber in der Zwischenzeit über neue Produkte und Konditionon Ihres Unternehmens auf dem Laufenden.

Vielen Dank.

Mit freundlichen Grüßen

REXA GmbH

Marion Schoor

Absage eines Angebots: Liefertermin zu spät

Ihr Angebot vom ...

Sehr geehrter Herr Kasumovic,

Ihr Angebot hat uns termingerecht erreicht – vielen Dank.

Leider aber liegt der angegebene Liefertermin nicht in dem zeitlichen Rahmen, den wir uns vorgestellt haben. Wir benötigen die Ware genau zwei Wochen früher, also spätestens am ...

Da Ihr Angebot für uns interessant ist, würden wir uns freuen, wenn Sie einen früheren Liefertermin möglich machen könnten. Bitte sagen Sie uns bis zum ... Bescheid, ob wir zu einem Abschluss kommen.

Freundliche Grüße

Eisen Wiethoff

Werner Bracht

Absage auf eine Einladung zur Geburtstagsparty

Liebe Petra,

vielen Dank für die nette Einladung zu deiner „runden" Geburtstagsparty. Da man nicht alle Tage 30 Jahre alt wird, wären wir liebend gern dabei gewesen, um dir persönlich zu gratulieren. Leider müssen wir jedoch absagen.

Wir haben schon vor vielen Wochen unseren Urlaub geplant – du erinnerst dich vielleicht, wir wollten schon immer einmal nach Jamaika – und dieses Jahr klappt es. Deine Geburtstagsparty fällt mitten in unseren Urlaub.

Wir wünschen euch viel Spaß beim Feiern, Tanzen, Trinken und Essen. Und dir ganz viel Vergnügen auch beim Auspacken der Geschenke – lass dich überraschen. Nur weil wir im Urlaub sind, heißt das nicht, dass wir nicht an dich denken ...

Viele liebe Grüße

Hannelore und Heinz

Absage auf eine Einladung zum 50. Geburtstag

Lieber Heinz,

ich habe mich sehr über deine Einladung zum 50. Geburtstag gefreut – vielen Dank.

Dass dein großer Tag in diesem Jahr ansteht, das wusste ich. Nur, dass du am … feiern würdest, das habe ich nicht geahnt. Dummerweise habe ich ausgerechnet an diesem Wochenende schon bei Heidi und Gert zugesagt – die beiden feiern ihre Silberhochzeit. Ich kann also leider nicht dabei sein, wenn du den Eintritt in den Klub der Fünfzigjährigen mit deinen „Leidensgenossen" feierst – wirklich schade.

Ich habe lange überlegt, ob ich im Anschluss an die Feier bei Heidi und Gert noch bei dir vorbeikommen soll; doch kam mir der Spruch ins Gedächtnis: Man kann nicht auf zwei Hochzeiten tanzen …

Ich denke, dass ich in den nächsten Tagen einmal bei dir vorbeischaue und dir dein Geschenk persönlich überreiche.

Viel Spaß am … und bis bald. Ich melde mich bei dir!

Manfred

Absage auf eine Einladung zur Silberhochzeit

Liebe Maria, lieber Walter.

vielen Dank für eure Einladung zu eurem silbernen Jubiläum.

Wir wären gern dabei gewesen, um euch Glück für die nächsten 25 Jahre zu wünschen. Aber wie es der Zufall so will – ausgerechnet an eurem Jubeltag fliegen wir in den Urlaub. Leider können wir den Abflugtermin nicht verschieben.

Schade! Wir können nicht dabei sein, wenn ihr mit allen Freunden und Bekannten auf eure Zukunft anstoßt.

Ihr könnt stolz auf Euch sein – es ist heutzutage keine Selbstverständlichkeit mehr, 25 Jahre glücklich miteinander verheiratet zu sein. Und ihr beiden kommt uns manchmal vor wie Frischverliebte.

Wir wünschen euch eine wunderschöne Feier und weiterhin so viel Liebe und Glück wie in den vergangenen Jahren.

Margret und Ullrich

PS. Unser Geschenk werden Gitta und Ulli mitbringen – ihr dürft gespannt sein …

Absage einer geschäftlichen Einladung zum Betriebsjubiläum

Sehr geehrte Frau Wehn,

herzlichen Dank für Ihre Einladung zur Feier des 25-jährigen Bestehens Ihres Unternehmens.

Meine Frau und ich wären sehr gern gekommen, um mit Ihnen gemeinsam auf die erfolgreiche Arbeit der letzten Jahre anzustoßen. Aber wir beide haben bereits den Tag Ihrer Feier selber verplant.

In zwei Tagen treten wir unseren Urlaub in die Berge an, auf den wir uns schon sehr lange freuen. Sonst wären wir wirklich gern Ihrer Einladung gefolgt. Denn wir erinnern uns noch an Ihre Feier zum 10-jährigen Bestehen Ihrer Firma. Es war alles perfekt organisiert und Ihre Gäste, nicht zuletzt auch wir, hatten Spaß bei Tanz und Musik bis in den frühen Morgen.

Ich hoffe, Sie haben Verständnis dafür, dass wir in diesem Jahr nicht dabei sein können.

Für die Zukunft wünsche ich Ihnen, dass Ihnen Ihr unternehmerisches Gespür erhalten bleibt und Sie weiterhin im Sinne Ihres Vaters die Geschäfte fortsetzen. Für Ihre Feier wünsche ich Ihnen Glück mit dem Wetter und viel Spaß mit Ihren Gästen.

Freundliche Grüße

Hermann Becker

Absage eines geschäftlichen Termins I

Ein Termin ist nur mit Mühe und Not zu Stande gekommen und jetzt lassen Sie ihn platzen? Wie unangenehm. Passender als ein Telefonat ist ein persönlicher Brief, der den Sachverhalt kurz erläutert.
Halten Sie für solche Situationen, die sich immer wieder ereignen, ein Standardschreiben parat.

Entschuldigen Sie!

Sehr geehrte Frau Dr. Kampschulte,

ich muss unseren Termin am ... leider absagen. Gerade weil Sie, wie ich weiß, sehr beschäftigt sind, ist es besonders ärgerlich, dass ich an diesem Tag verhindert bin. Herr Dr. Kurz hat mich kurzfristig zu einem Einsatz in unser Werk in Mailand abberufen.

Da ich schon morgen abreisen muss, wird sich meine Sekretärin, Frau Renate Sawallich, mit Ihnen in den nächsten Tagen in Verbindung setzen, um einen neuen Termin abzustimmen.

Vielen Dank für Ihr Verständnis.

Freundliche Grüße

Hoffmann Werke

Manuela Fischer

Absage eines geschäftlichen Termins II

Unsere Besprechung am ...

Sehr geehrte Frau Garcia,

leider muss ich unseren Termin am ... kurzfristig absagen.

Der Grund: Eine nicht geplante Geschäftsleitungssitzung ist ausgerechnet für diesen Tag einberufen worden.

Hoffentlich wird das Finden eines neuen Termins dieses Mal etwas leichter. Ich habe meinen Terminkalender sorgfältig durchgesehen und nenne Ihnen einfach einmal die Termine, an denen ich Sie in Ihrem Unternehmen besuchen könnte:

Donnerstag, ...
Montag, ...
Dienstag, ...
Montag, ...
Freitag, ...

Wäre es Ihnen an einem dieser Tage möglich? Ich würde mich freuen, wenn ja. Bitte melden Sie sich einfach kurz, um einen Termin mit Angabe der Uhrzeit zu bestätigen oder Ihrerseits Terminvorschläge zu machen.

Es tut mir Leid, dass ich uns „einen Strich durch die Rechnung" gemacht habe.

Freundliche Grüße
nach Frankfurt

Dallmer GmbH & Co. KG

Peter Bergner

Absage auf eine Bewerbung

Ihre Bewerbung vom 12. September ...
als Elektrotechniker

Sehr geehrter Herr Wilbert,

vielen Dank für Ihre Bewerbung.

Auf unsere Ausschreibung in der „Frankfurter Allgemeinen Zeitung" haben wir sehr viele Bewerbungen erhalten – insgesamt 189. Wir waren deshalb gezwungen, nach engen Kriterien eine Vorauswahl zu treffen:

- Mindestens sechsjährige Berufserfahrung
- Alter zwischen 35 und 45 Jahren
- Erfahrungen in der Branche

Da Sie diese drei Kriterien nicht alle erfüllen konnten, kommen Sie nicht in die engere Wahl und wir müssen Ihnen absagen. Ihre Bewerbungsunterlagen erhalten Sie mit diesem Schreiben zurück.

Für Ihre berufliche Zukunft wünschen wir Ihnen alles Gute.

Mit freundlichen Grüßen

Reiger & Co

Wilhelm Mühlmann

Anlage

Absage auf eine Bewerbung mit Behalt der Bewerbungsunterlagen

Ihre Bewerbung vom 23. September ...
als Sekretärin/Assistentin

Sehr geehrte Frau Gerhard,

vielen Dank für Ihre Bewerbung und Ihre ausführlichen Unterlagen.

Alle Bewerbungen, die wir auf die ausgeschriebene Stelle erhalten haben, wurden sorgfältig geprüft. Die Vielzahl der eingegangenen Bewerbungen hat uns gezwungen, eine Vorauswahl zu treffen. Da Sie nicht alle für diese Stelle wichtigen Qualifikationen mitbringen, haben wir uns für eine andere Dame entschieden.

Ihre Bewerbungsunterlagen haben aber einen so guten Eindruck auf uns gemacht, dass wir sie gern behalten möchten, wenn Sie einverstanden sind. Möglicherweise ergibt sich in naher Zukunft eine ähnliche freie Position, für die Sie gute Voraussetzungen mitbringen.

Wenn Sie daran kein Interesse haben und wir Ihre Unterlagen an Sie zurückschicken sollen, rufen Sie bitte Frau Heidi Brühler unter der Telefonnummer ... an.

Freundliche Grüße

MegaMax GmbH

Gabi Frenken

Absage auf eine Bewerbung um einen Ausbildungsplatz

Ihre Bewerbung vom 18. Oktober ...
um einen Ausbildungsplatz zur Bürokauffrau

Sehr geehrte Frau Fiedler,

danke schön, dass Sie unserem Unternehmen Ihre Ausbildung anvertrauen möchten.

Wir haben sehr viele Schreiben von jungen Menschen erhalten, die ihre Ausbildung bei uns absolvieren möchten. Leider können wir aber nur sieben Ausbildungsplätze vergeben.

Von unseren jungen neuen Mitarbeiterinnen und Mitarbeitern erwarten wir, dass sie sehr engagiert und flexibel sind. Wir haben die Ausbildungsplätze deshalb an Damen und Herren vergeben, die zum Beispiel Schülersprecher waren, für die Schülerzeitung geschrieben oder sich neben der Schule sozial engagiert haben. Auch Damen und Herren, die schon einmal mehrere Wochen oder auch Monate im Ausland verbracht haben, halten wir für besonders qualifiziert.

Es tut uns leid, dass wir Ihnen keinen Ausbildungsplatz anbieten können, und wir wünschen Ihnen viel Glück bei Ihren weiteren Bewerbungen.

Freundliche Grüße

Seifert AG

Corinna Merkel

Anlage

Absage auf eine Bewerbung mit ausführlicher Begründung

Ihre Bewerbung vom 12. Oktober ...
als Diplom-Betriebswirt

Sehr geehrter Herr Brühl,

die Resonanz auf unsere Stellenanzeige in der „Frankfurter Rundschau" war überwältigend. Unter allen Bewerberinnen und Bewerbern – insgesamt waren es 175 – kamen mehrere Damen und Herren für die Stelle in Betracht. Auch Sie hatten wir in die engere Wahl gezogen.

Zu einem Vorstellungsgespräch haben wir dann letztlich die Bewerber eingeladen, die sich durch besonderes Engagement in der Vergangenheit auszeichneten. Kriterien waren beispielsweise: Wer hatte schon einmal im Ausland gearbeitet oder ein Auslandssemester belegt? Auch die erfolgreiche Vermarktung der Diplomarbeit hat uns bei einem Bewerber gut gefallen.

Sehr geehrter Herr Brühl, wir danken Ihnen, dass Sie Ihre Qualifikationen und Ideen in unser Unternehmen einbringen wollten.

Leider können wir von Ihrem Angebot keinen Gebrauch machen.

Viel Erfolg bei der Suche nach einer interessanten Stelle!

Freundliche Grüße
aus Bad Homburg

SIBA GmbH

Oliver Bohrn

Anlage

Absage einer Initiativbewerbung („Blindbewerbung“) I

Ihre Bewerbung vom 23. Oktober …
als Sachbearbeiterin Buchhaltung

Sehr geehrte Frau Seifert,

haben Sie vielen Dank für Ihre Bewerbung. Wir schätzen es sehr, wenn Bewerber Eigeninitiative ergreifen.

Allerdings steht im Augenblick in unserem Unternehmen keine Position zur Verfügung, die für Sie interessant sein könnte.

Ihr Profil, Ihre Qualifikationen und Ihre Eigeninitiative gefallen uns aber so gut, dass wir Ihre Bewerbung gern behalten möchten. Wir schließen nicht aus, dass sich bald eine Gelegenheit für ein persönliches Gespräch in unserem Hause bietet.

Wenn wir Ihnen Ihre Unterlagen dennoch zusenden sollen oder Sie in der Zwischenzeit eine andere Stelle finden, die Sie interessiert, melden Sie sich bitte bei Herrn Gerd Thielmann unter der Telefonnummer …

Freundliche Grüße
aus Salzburg

Liebelt Büromöbelwerk GmbH & Co. KG

Klaus Richter

Absage einer Initiativbewerbung („Blindbewerbung“) II

Ihre Bewerbung vom 19. Oktober ...
als Personalreferentin

Sehr geehrte Frau Müller,

Ihrem Engagement und Ihrer Eigeninitiative verdanken wir Ihre Bewerbung, Vielen Dank für Ihr Interesse, unsere Personalabteilung tatkräftig unterstützen zu wollen.

Sie wissen sicher selber: Es gehört eine große Portion Glück dazu, eine Blindbewerbung im richtigen Augenblick an ein Unternehmen zu richten. In unserem Haus können wir Ihnen in absehbarer Zeit keinen Arbeitsplatz anbieten, der Ihrem Profil entspricht. Alle infrage kommenden Positionen sind schon seit längerer Zeit mit sehr guten Mitarbeiterinnen und Mitarbeitern besetzt.

Wir wünschen Ihnen, dass Ihre Eigeninitiative bald im richtigen Augenblick das richtige Unternehmen „trifft“ und Sie eine Stelle finden, die Ihren Vorstellungen entspricht.

Mit freundlichem Gruß
aus Essen

WIGA GmbH

Claudia Meyerhoff

Anlage

Absagen nach einem Vorstellungsgespräch

Eine Absage nach einem persönlichen Gespräch verlangt nach genauen Informationen, warum Sie sich gegen die Bewerberin oder den Bewerber entschieden haben. Allgemeine Floskeln sind nach einem Vorstellungsgespräch unhöflich. Sagen Sie dem Bewerber, weshalb er abgelehnt wurde. Damit helfen sie ihm oder ihr außerdem, ungeschickte Verhaltensweisen in Zukunft zu vermeiden und möglicherweise beim nächsten Vorstellungsgespräch erfolgreich zu sein.

Folgendes sollte eine vollständige und gelungene Absage formal und inhaltlich nach einem persönlichen Gespräch enthalten:

- Die Betreffzeile muss nicht unbedingt genutzt werden. Der Bewerber erinnert sich mit Sicherheit an das Gespräch in einem Unternehmen.
- Sprechen Sie den Empfänger persönlich, mit seinen Namen, an.
- Bedanken Sie sich für das Gespräch.
- Erklären Sie, warum Sie sich nach dem Gespräch gegen den Bewerber entschieden haben.
- Beenden Sie den Brief mit guten Wünschen für die Zukunft oder Erfolg für die weitere Stellensuche.
- Nutzen Sie den Anlagevermerk, um auf die Unterlagen hinzuweisen, die Sie zurückschicken.

Eine Absage nach einem Vorstellungsgespräch kann natürlich fertige Textbausteine enthalten, die Sie zur Arbeitserleichterung erstellt haben. Betrachten Sie es jedoch als Ihre Pflicht, den Standardtext um persönliche Bemerkungen und Erklärungen zu ergänzen. Dies ist unbedingt erforderlich, wenn Sie Ihr Unternehmen richtig präsentieren und den Anstrengungen und Bemühungen des Bewerbers gerecht werden möchten.

Sehr geehrte Frau Schreier,

vielen Dank für das offene und vertrauensvolle Gespräch, das wir am 5. November ... in unserem Unternehmen geführt haben.

Der sehr gute Eindruck, den wir durch Ihre Bewerbungsunterlagen erhalten haben, hat sich in dem persönlichen Gespräch mit Ihnen verstärkt.

Sie erinnern sich aber – wir sprachen kurz darüber – dass Ihre Gehaltsvorsteilungen weit über dem Betrag liegen, den wir Ihnen bieten können. Dies ist auch der Grund, weshalb wir Ihnen heute absagen. Wir haben uns für eine Bewerberin entschieden, die ähnlich gut qualifiziert ist, deren Gehaltsvorstellungen aber niedriger als die von Ihnen genannten sind.

Sehr geehrte Frau Schreier, Sie sind sehr qualifiziert und überzeugen auch durch Ihr persönliches Auftreten. Wir haben deshalb keine Zweifel, dass Sie bald eine Position finden, die Ihren Vorstellungen entspricht.

Viel Erfolg für Ihre berufliche Zukunft!

Mit freundlichen Grüßen

Gerdau & Söhne

Rita Weber

Anlage

Sehr geehrter Herr Sieger,

vielen Dank für Ihren Besuch und das interessante und informative Gespräch in unserem Unternehmen am 4. November …

Schon während des Gespräches stellten wir gemeinsam fest, dass Ihre nur gering vorhandenen Fremdsprachenkenntnisse für die ausgeschriebene Position möglicherweise nicht ausreichen. Ihr Angebot, durch selbstfinanzierte Crashkurse zumindest Spanisch verhandlungssicher zu erlernen, finde ich sehr engagiert, konnte mich aber nicht überzeugen.

Wir haben einem anderen Bewerber den Vortritt gelassen, der mehrere Sprachen spricht. Da wir einen so engagierten und motivierten Mitarbeiter wie Sie gern für unser Unternehmen gewinnen möchten, ist uns daran gelegen, Ihre Unterlagen zu behalten. Sind Sie damit einverstanden? Denn möglicherweise wird bald eine Position in unserem Unternehmen vakant, für die Fremdsprachenkenntnisse nicht von elementarer Bedeutung sind.

Es würde uns sehr freuen, wenn wir uns bei Gelegenheit dann noch einmal über eine Zusammenarbeit unterhalten könnten.

Alles Gute!

Mit freundlichen Grüßen

Schneider KG

Richard Schneider

Unser Gespräch am 11. November ...

Sehr geehrte Frau Wunder,

vielen Dank, dass Sie zu einem persönlichen Gespräch in unser Unternehmen gekommen sind.

Da Sie Ihre Unterlagen zurückerhalten, ahnen Sie sicher schon, dass dies eine Absage ist. In diesem Jahr haben wir nur zwei Ausbildungsplätze für Bürokauffrauen/-männer zu vergeben; aus diesem Grund müssen wir sehr vielen qualifizierten und motivierten Bewerbern absagen.

Leider auch Ihnen, obwohl Sie im Vorstellungsgespräch einen guten persönlichen Eindruck gemacht haben. Aber zwei andere Damen hatten dann doch „die Nase vorn".

Sie bringen die erforderlichen fachlichen und persönlichen Voraussetzungen für diesen Ausbildungsberuf mit. Sie haben eine sehr gute Chance, einen Ausbildungsplatz in Ihrem Wunschberuf zu erhalten – bewerben Sie sich bei anderen Unternehmen weiter!

Wir drücken Ihnen die Daumen und wünschen Ihnen viel Erfolg.

Mit freundlichen Grüßen

Reinold Mahr KG

Markus Rösner

Anlage

Anfragen

Der Begriff „Anfrage“ hat zweierlei Bedeutung. Zum einen kann es sich um eine allgemeine Anfrage handeln. Damit fordern Sie allgemeine Informationen wie

- Prospektmaterial,
- Referenzen oder
- Preislisten an.

Die zweite Art einer Anfrage ist die detaillierte Version. Man könnte dies auch mit der „Bitte um ein Angebot“ übersetzen. Denn ein Angebot ist genau das, was Sie auf eine Anfrage hin erhalten.

Wenn Sie sich für ein Produkt oder eine Dienstleistung interessieren, empfiehlt es sich, bei mehreren Unternehmen anzufragen, damit Sie die verschiedenen Angebote miteinander vergleichen und sich für das für Sie günstigste entscheiden können.

Achten Sie darauf, dass Sie Ihre Anfrage möglichst präzise formulieren, damit das Angebot auf Ihre individuellen Wünsche eingeht. Anfragen eignen sich nicht nur für Unternehmen, sondern auch für Privatleute, die eine größere Investition planen.

Diese Elemente sollte Ihre spezielle Anfrage enthalten:

- Grund der Anfrage
- Info über das eigene Unternehmen
- Beschreibung des Produkts, für dass Sie sich interessieren
- Qualitätsanforderung
- Liefermenge
- Lieferort
- Liefertermin
- Ansprechpartner
- Form und Abgabetermin des Angebots

Anfrage für eine Kraftfahrzeugversicherung

Gerade beim Abschluss einer Versicherung lohnt sich ein Vergleich zwischen den Anbietern. Wenden Sie sich an mindestens drei Unternehmen, damit Sie genügend Vergleiche ziehen können.

Kraftfahrzeugversicherungsanfrage

Sehr geehrte Damen und Herren,

für meinen Neuwagen möchte ich eine Haftpflicht- und Vollkasko-Versicherung abschließen. Bitte senden Sie mir ein schriftliches Angebot und die Formulare für eine Anmeldung zu.

Hier die wichtigsten Fahrzeugdaten:

- Fahrzeughersteller: FIAT
- Fahrzeugtyp: Punto
- Erstzulassung: 7. 2. ...
- 40 KW

Ich möchte den folgenden Versicherungsschutz für mein Fahrzeug abschließen:

- unbegrenzte Haftpflichtversicherungssumme
- Vollkaskoversicherung mit 325 Euro Selbstbeteiligung

Mein jetziges Auto ist in der Haftpflichtversicherung mit einem Beitragssatz von 50 Prozent versichert. Ich fahre allein mit dem PKW und nicht mehr als ca. 10 000 km jährlich. Das Auto wird in der Garage abgestellt.

Vielen Dank im Voraus für Ihr schriftliches Angebot.

Mit freundlichen Grüßen

Christine Langenkamp

Anfrage für eine Dienstleistung

Scheuen Sie sich nicht, als Privatperson um ein schriftliches Angebot zu bitten. Vertrauen ist gut, aber schriftliche Angebote sind verbindlicher.

Sehr geehrte Damen und Herren,

am Samstag habe ich Ihre Anzeige im Darmstädter Echo gelesen, in der Sie Gartenpflege mit Rund-um-Service zum attraktiven Preis anbieten.

Senden Sie mir bitte die folgenden Unterlagen zu:

- eine Leistungsbeschreibung Ihrer Firma,
- Ihre aktuelle Preisliste
- und eine Referenzadresse.

Bieten Sie bei längeren Verträgen Sonderkonditionen?

Besten Dank im Voraus für Ihr Informationsmaterial und Ihre schriftliche Antwort.

Mit freundlichen Grüßen

Manfred Claas

Allgemeine Anfrage: Lieferantenanfrage Elektroartikel

Obwohl es sich im Folgenden vorerst um eine allgemeine Anfrage handelt, schadet es nicht, wenn Sie bereits zu diesem Zeitpunkt Informationen über Ihr Unternehmen preisgeben. Somit kann sich der Anbieter überlegen, ob er Ihnen bereits mit dem ersten Schreiben Sonderkonditionen anbietet.

Anfrage

Sehr geehrte Damen und Herren,

wie uns einer unserer Geschäftskollegen mitteilte, hat Ihr Unternehmen einen guten Ruf als zuverlässiger Lieferant der gesamten Elektroartikelpalette.

Wir sind ein Elektrofachhandel mit fünf Filialen in Ostwestfalen-Lippe. Da wir unser Angebot erweitern möchten, interessieren wir uns vor allem für die folgenden Produkte:

- Widerstände,
- Lampen und Lampenzubehör,
- Bewegungsmelder.

Senden Sie uns bitte zusätzlich Ihren Gesamtkatalog mit der aktuellen Preisliste sowie Ihre Geschäftsbedingungen und Ihre Liefer- und Zahlungsbedingungen zu.

Der Besuch einer Ihrer Außendienstmitarbeiter ist nicht erforderlich, da wir uns zunächst einen Überblick über Ihr Angebot und Ihre Konditionen verschaffen möchten.

Vorab jedoch schon einmal vielen Dank für Ihre Informationen.

Mit freundlichen Grüßen

Elektro-Partner GmbH

Hendrick Ingersol

Allgemeine Anfrage für spezielle Branchen-Software

Software für eine Seminaragentur

Sehr geehrte Damen und Herren,

in Ihrer Anzeige in der Ausgabe 10/02 der „Manager&Seminare“ bieten Sie spezielle Software für den Seminarbereich an.

Da wir unseren Arbeitsablauf effizienter gestalten möchten, interessieren wir uns sehr für Ihr Angebot.

Senden Sie uns bitte ein unverbindliches Angebot für eine für unser Unternehmen branchenspezifische Software mit den folgenden Elementen:

- Adresserfassung
- Angebotserstellung
- Seminarplanung
- Dozenteneinsatzplanung
- Raumplanung
- Fakturierung
- Finanzbuchhaltung
- Gehaltsabrechnung
- Werbeplanung

Senden Sie uns bitte zusätzlich zu Ihrem Angebot ausführliches Informationsmaterial und Ihre Referenzliste zu. Sehr hilfreich wären auch Softwareproben, soweit vorhanden.

Vielen Dank.

Mit freundlichen Grüßen

Deutsche Sekretärinnen Akademie GmbH

Erik Hofstädter

Angebote

Kennen Sie Angebotstexte die folgendermaßen lauten:
„... und bieten Ihnen nachstehend an: ...“ – „Ihrem geschätzten Auftrag entgegensehend verbleiben wir für heute“?
Halten Sie solche Formulierungen für zeitgemäß oder ansprechend? Bestimmt nicht.
Mit Ihren Angebotstexten repräsentieren Sie Ihr Unternehmen und häufig ist das Angebot der erste Kontakt Ihres Unternehmens mit dem potenziellen Kunden; deshalb sollte es sich unbedingt von dem abheben, was Ihr hoffentlich zukünftiger Kunde von Mitbewerbern erhält.
Beim Angebot kommt es nicht nur, wie häufig angenommen, lediglich auf den Preis an. Viel wichtiger ist dem Kunden das Preis-Leistungs-Verhältnis. Versäumen Sie deshalb auf gar keinen Fall, die Vorteile des Produkts oder der Dienstleistung in Ihrem Schreiben zu betonen.
Welche Vorteile bieten Sie dem Kunden gegenüber Ihren Mitbewerbern?
Welche besonderen Leistungen haben Sie zu bieten? Zum Beispiel:

- Servicehotline,
- Rabatt,
- Lieferung frei Haus,
- verlängerte Garantiezeit.

Lassen Sie solche Extras nicht unerwähnt!

Das sollten Sie außerdem beachten:

Es gibt verlangte und unverlangte Angebote.
Ein unverlangtes Angebot ist frei bleibend, was bedeutet, dass Sie als Anbieter nicht unbedingt an Ihr Angebot gebunden sind. Unverlangte Angebote werden häufig als Werbebriefe und Massensendungen versandt.
Mit einem verlangten Angebot hingegen antworten Sie auf eine konkrete Anfrage. Sie verpflichten sich, falls sich der Empfänger innerhalb der angegebenen Frist für Ihr Angebot entscheidet, zu den genannten Konditionen zu liefern.

Ganz ohne Standardformulierungen lässt sich ein Angebot allerdings kaum formulieren. So genannte Freizeichnungsklauseln schützen Sie davor, dass man Sie bei Ihrem Wort nimmt und der potenzielle Kunde auch noch nach Jahren auf das damals erstellte Angebot zurückkommen möchte:

- Das Angebot ist frei bleibend/versteht sich ohne Obligo.
- Ich biete Ihnen frei bleibend an …

Diese Formulierungen ermöglichen Ihnen, Ihr Angebot nachträglich zu ändern oder es gar ganz zurückzunehmen.

Auch die Angabe einer zeitlichen Begrenzung empfiehlt sich, damit Sie nicht auf immer und ewig an dieses Angebot gebunden sind.

- Dieses Angebot gilt bis einschließlich 20. Juni…
- Dieses Angebot gilt bis Ende dieses Jahres.

Diese Elemente sollte Ihr Angebotsschreiben enthalten:

- Angabe/Beschreibung des Produkts mit seinen Vorzügen,
- Zahlungs- und Lieferbedingungen,
- zeitliche Gültigkeit,
- Name und Telefonnummer eines Ansprechpartners.

Angebot eines Malermeisters

Der Malermeister lässt im folgenden Brief keine Fragen offen. Er verweist ausdrücklich darauf, dass die Kosten für alle anfallenden Arbeiten – er zählt sie zusätzlich auf – bereits im Angebot enthalten sind. Gleichzeitig weist er darauf hin, dass es sich bereits um ein sehr günstiges Angebot handelt. Dies hält den Kunden davon ab, den Preis noch weiter zu drücken.

Unser Angebot für Sie!

Sehr geehrte Frau Sander,

vielen Dank für Ihre Anfrage.

Nach der Besichtigung Ihres Hauses und einer besonders knappen Kalkulation kann ich Ihnen das folgende Angebot machen: Tapezieren von Wohn- und Esszimmer (120 qm) mit Erfurter Raufaser (120er-Körnung), Streichen von Wohn- und Esszimmer mit Alpina Weiß und Neuanstrich der Diele (14 qm) mit Alpina Weiß.

Natürlich sind alle anfallenden Nebenarbeiten wie Abdecken, Abkleben von Fußböden und Fensterrahmen und die fachgerechte Entsorgung der alten Tapeten im Endpreis eingeschlossen.

Angebotspreis	–,– EUR
Mehrwertsteuer 19 %	–,– EUR
Gesamt	**–,– EUR**

Mit freundlichen Grüßen

Malermeisterbetrieb Münster

Angebot auf eine Produktanfrage

Die nachfolgenden Angebote fallen bereits durch die individuelle Betreffzeile auf. Warum sollte man Platz mit aussagelosen Betreffzeilen, in denen lediglich das Wörtchen „Angebot" vermerkt ist, verschenken. Heben Sie sich von Anfang an positiv von Ihren Mitbewerbern ab.

Die Qualität unserer Produkte ist Ihr Vorteil im Verkauf!

Sehr geehrter Herr Steuer,

vielen Dank für Ihre Anfrage nach unseren neuen Gartengeräten.

Die von Ihnen gewünschte Ware bieten wir Ihnen zu folgenden günstigen Konditionen an:

Holzgeräte:

Spaten, vollverchromt, Höhe 1 200 mm, Holzstiel	–,– EUR
Grabegabel, vollverchromt, Höhe 1 200 mm, Holzstiel	–,– EUR
Rechen, vollverchromt, Höhe 1 500 mm, Holzstiel	–,– EUR

Geräte mit hochwertigem Kunststoffstiel:

Spaten, vollverchromt, Höhe 1 200 mm, Kunststoffstiel	–,– EUR
Grabegabel, vollverchromt, Höhe 1 200 mm, Kunststoffstiel	–,– EUR
Rechen, vollverchromt, Höhe 1 500 mm, Kunststoffstiel	–,– EUR

Die Lieferung erfolgt ab einem Warenwert von ... EUR frei Haus zuzüglich 19 % Mehrwertsteuer. Bei Zahlung innerhalb von 8 Tagen gewähren wir Ihnen 2 % Skonto.

Für weitere Fragen und zur Auftragsannahme steht Ihnen Herr Markus Wullengert unter der Telefonnummer ... gern zur Verfügung.

Wir freuen uns auf Ihren ersten Auftrag.

Mit freundlichen Grüßen

Garten- und Baubedarf GmbH

Angebot ohne genaue Angaben

Auf unseren Service können Sie sich verlassen!

Sehr geehrte Frau Liedke-Müller,

vielen Dank für Ihre Anfrage vom 24. August.

Wir konnten Sie bisher telefonisch nicht erreichen. Sonst hätten wir gern schon eher einen Termin für die Ortsbesichtigung Ihres Gartens ausmachen können. Ein verbindliches Angebot ist erst nach einer Besichtigung möglich.

Wir nennen Ihnen gern Adressen, bei denen Sie sich über die Qualität, unsere Zuverlässigkeit und unseren Service informieren können.

Rufen Sie am besten umgehend Frau Weber an, um mit ihr einen Besichtigungstermin zu vereinbaren.

Für uns ist es selbstverständlich, dass wir auch am Abend oder am Wochenende Zeit für Sie haben.

Vielen Dank.

Mit freundlichen Grüßen

Garten & Service GmbH

Friedhelm Frenken

Schriftverkehr mit Banken und Sparkassen

Die Korrespondenz mit Banken kann sehr vielschichtig sein.
Beispielsweise:

- Sie beobachten ungewöhnliche oder verspätete Buchungen auf Ihrem Konto.
- Sie bitten um Erhöhung Ihres Dispositionskredites.

Zwar können diese Sachverhalte auch persönlich geklärt werden, aber die banküblichen Öffnungszeiten vieler Institute machen es vielen Erwerbstätigen unmöglich, ihren Kundenberater aufzusuchen und ein Schreiben ist immer „sicherer" als ein Telefonat.

Beachten Sie:
Verfallen Sie nicht in Behördendeutsch, nur weil Ihr Adressat vielleicht diesen Korrespondenzstil pflegt. Formulieren Sie in einfachen, klaren Sätzen Ihr Anliegen, ohne „drum herum" zu reden. Sagen Sie, was Sie möchten, und seien Sie höflich.
Machen Sie sich auch klar: Sie sind kein Bittsteller! Treten Sie selbstbewusst auf, denn die Bank profitiert von jedem einzelnen Geschäft mit Ihnen.

Sperrung einer Kredit- oder Scheckkarte

Tipp: Diesen Brief sollten Sie zusätzlich zu einer (fern-)mündlichen Kartensperrung an Ihr Kreditinstitut senden. In ganz Deutschland gilt eine Rufnummer: 116 116

Eurocard-Sperrung

Sehr geehrte Damen und Herren,

wie ich Ihnen bereits heute Morgen telefonisch mitgeteilt habe, ist mir meine Eurocard mit der Nummer: ... gestohlen worden. Sperren Sie bitte deshalb die Nutzung dieser Karte mit sofortiger Wirkung.

Gleichzeitig beantrage ich die Ausstellung einer neuen Eurocard.

Tagsüber, bis 16:30 Uhr, bin ich unter der Telefonnummer ... zu erreichen.

Mit freundlichen Grüßen

Gisbert Schulze

Beanstandung des Quartals-Rechnungsabschlusses

Beanstandung Rechnungsabschluss Konto-Nr ...

Sehr geehrte Damen und Herren,

den Rechnungsabschluss für mein Konto vom 31. Juni ... muss ich leider beanstanden: Am 3. Mai um circa 10:00 Uhr habe ich 2.500 EUR bar auf mein Konto eingezahlt. Gebucht wurde dieser Betrag jedoch erst am darauffolgenden Tag. Die 2.500 EUR wurden sogar erst am 5. Juli gutgeschrieben. In Ihrem Rechnungsabschluss fehlen also Zinsen für zwei Tage. Das Gleiche ist am 15. Mai mit einem Betrag von 1.500 EUR noch einmal passiert.

Am 21. Mai wurde von mir ein Scheck über 480 EUR eingereicht, von dem jedoch nur 350 EUR meinem Konto gutgeschrieben wurden. Ich vermute, dass es sich hier um einen „Zahlendreher" handelt und somit einen Buchungsfehler.

Ich bitte um Überprüfung, Berichtigung und eine Nachricht von Ihnen.

Mit freundlichen Grüßen

Egon Pöppelbaum

Anlage
Kopien aller Vorgänge

Beantragung eines höheren Dispositionskredites

Dispositionsrahmen für das Girokonto ...

Sehr geehrte Damen und Herren,

da ich am 30. Juli meine Lehrzeit beendet habe und von meiner Firma in ein festes Arbeitsverhältnis übernommen werde, bitte ich Sie um Erhöhung meines Überziehungsrahmens auf meinem Girokonto von derzeit 1.500 EUR auf 2.500 EUR.

Für Ihr Entgegenkommen vielen Dank im Voraus.

Mit freundlichen Grüßen

Jürgen Tigges

Korrespondenz mit Behörden

Von Behörden ist man Briefe gewohnt, die umständlich formuliert und mitunter nicht auf den ersten Blick zu verstehen sind. Leider lassen sich viele Menschen von den umständlichen Formulierungen anstecken. Die Folge davon ist, dass die Briefe, die Bürger an Behörden schicken, sich nicht wesentlich von dem schwer verständlichen Beamtendeutsch unterscheiden. Aber warum anpassen? Warum viel Zeit investieren, damit sich ein Brief möglichst kompliziert anhört und auch der Beamte ebenfalls Ihren Brief zweimal lesen muss, bevor er ihn versteht?

Unsere Empfehlung: Schreiben Sie, worauf es Ihnen ankommt, kommen Sie zur Sache, bringen Sie zum Ausdruck, was Sie möchten, und verstecken Sie Ihr Anliegen nicht hinter Floskeln!

Beachten Sie folgende Tipps, damit Ihr Schreiben an eine Behörde möglichst schnell bearbeitet wird.

- Verfassen Sie den Betreff Ihres Briefs so, dass er eindeutig zugeordnet werden kann. Geben Sie beispielsweise Steuernummer, Sachbearbeiterkürzel und Datum des zuletzt erhaltenen Schreibens bezüglich der Angelegenheit an.
- Verwenden Sie eher kurze als lange, verschachtelte Sätze.
- Für bestimmte Angelegenheiten benötigen Sie ein Formular. Bestellen Sie es telefonisch oder holen Sie es sich persönlich ab.
- Formulieren Sie präzise.
- Halten Sie Fristen peinlich genau ein.
- Fügen Sie alle erforderlichen Anlagen bei.
- Kopieren Sie alle Unterlagen, bevor Sie sie an die Behörde weiterleiten.
- Sprechen Sie Ihren Sachbearbeiter persönlich – mit seinem Namen – an. Wenn Sie keinen direkten Ansprechpartner haben, verwenden Sie die Anrede „Sehr geehrte Damen und Herren“.

Steuererklärung

Steuererklärung für das Jahr ...
Steuernummer: ...

Sehr geehrter Herr Floßdorf,

in meine Steuererklärung für das Jahr ..., die Ihnen bereits vorliegt, hat sich ein Fehler eingeschlichen. Ich hatte den Aufwendungen zur Berechnung der Kosten für Fahrten auf dem Weg zur Arbeit eine zu geringe Kilometerpauschale zu Grunde gelegt.

Entschuldigen Sie bitte mein Versehen. Die um diesen Irrtum korrigierte Steuererklärung erhalten Sie heute.

Mit freundlichem Gruß

Sigrid Mühldorf

Anlage

Einspruch gegen einen Steuerbescheid

Wenn Sie Grund zu der Annahme haben, dass Ihr Steuerbescheid nicht korrekt ist, sollten Sie sofort Einspruch einlegen. Es ist nicht erforderlich, den Einspruch unmittelbar zu begründen.

Einspruch gegen den Steuerbescheid für das Jahr ...
Meine Steuernummer: ...

Sehr geehrte Damen und Herren,

ich lege Einspruch gegen den Steuerbescheid vom ... (Datum) ein.

Die Begründung für meinen Einspruch reiche ich nach.

Mit freundlichen Grüßen

Petra Gerster

Rund ums Kindergeld

Damit Sie das Kindergeld erhalten, das Ihnen zusteht, bleibt es nicht aus, hin und wieder mit der zuständigen Behörde schriftlich Verbindung aufzunehmen.

Antrag auf Kindergeld

Sehr geehrte Damen und Herren,

am ... ist unser Kind, Tim Schreyer, zur Welt gekommen.

Ich möchte für Tim Kindergeld beantragen. Bitte senden Sie mir entsprechendes Informationsmaterial und ein Antragsformular zu.

Vielen Dank.

Mit freundlichen Grüßen

Günter Schreyer

Antrag auf Kindergeldzuschlag KG-Nr.: ...

Sehr geehrte Damen und Herren,

auf Grund meiner Einkommenssituation kann ich den Kinderfreibetrag steuerlich nicht voll nutzen, ich beantrage daher Kindergeldzuschlag.

Bitte bestätigen Sie mir schriftlich, dass Sie mein Schreiben erhalten haben.

Vielen Dank.

Freundliche Grüße

Simone Gerald

Bitte um Rentenauskunft

Wenn Sie wissen möchten, mit wie viel Rente Sie im „hohen“ Alter zu rechnen haben, sollten Sie sich an die Bundesversicherungsanstalt für Angestellte wenden.

Beachten Sie: Wenn Sie noch nicht im rentenfähigen Alter sind beziehungsweise noch nicht lange genug in die Rentenversicherung eingezahlt haben, erhalten Sie nur eine Übersicht Ihres Versicherungsverlaufs. Darin erkennen Sie, ob tatsächlich immer alle Zahlungen für Ihre Rente erfolgt sind. Sollten Sie dort Lücken feststellen, haken Sie am besten sofort nach.

Wenn Sie das Rentenalter erreicht haben oder andere Bedingungen erfüllen, die Sie zum Bezug einer Rente berechtigen, wenden Sie sich ebenfalls an die Bundesversicherungsanstalt, um einen Antrag auf Rentenzahlung zu stellen.

Anfrage nach der Höhe der Rente

Versicherungsnummer: 52 230737 M 856

Sehr geehrte Damen und Herren,

ich werde in drei Jahren mein 63. Lebensjahr vollenden.

Bitte teilen Sie mir mit, wie hoch meine Rente sein wird, wenn ich dann in den Ruhestand trete.

Vielen Dank im Voraus.

Freundliche Grüße

Gert Schönherr

Bitte um Übersicht über den Versicherungsverlauf

Versicherungsnummer: 52 250766 F 556

Sehr geehrte Damen und Herren,

bitte senden Sie mir eine Übersicht über den bisherigen Versicherungsverlauf meiner Zahlungen in die Rentenversicherung.

Mit freundlichen Grüßen

Birgit Reinhard

Betriebsprüfung soll verschoben werden

Wenn eine Betriebsprüfung ins Haus steht, sollten Sie gut vorbereitet sein. Wenn nicht alles optimal organisiert werden kann, weil sich beispielsweise Ihr Steuerberater im Urlaub befindet, versuchen Sie, die Betriebsprüfung zu verschieben.

Antrag auf Verschiebung der Betriebsprüfung

Sehr geehrter Herr Reiners,

wir haben Ihr Schreiben vom ... erhalten. Sie teilen uns darin mit, dass Sie am ... eine Betriebsführung in unserem Unternehmen durchführen möchten.

Den vorgesehenen Termin würden wir gern vorlegen, da unser Wirtschaftsprüfer, der Ihnen für Fragen gern zur Verfügung stehen würde, sich zu dieser Zeit noch im Urlaub befindet.

Einige Terminvorschläge für die Betriebsprüfung unsererseits:

Bitte teilen Sie uns kurz mit, für welchen Termin Sie sich entscheiden.

Vielen Dank für Ihr Verständnis.

Freundliche Grüße

Henz GmbH & Co. KG

Werner Schröder

Antrag eines Arbeitslosen auf Sonderurlaub

Antrag auf Sonderurlaub

Sehr geehrte Damen und Herren,

ich bin seit dem 1. März ... bei Ihnen als arbeitslos gemeldet. Seit dieser Zeit versuche ich, einen Arbeitsplatz zu finden, was mir bisher trotz Ihrer Unterstützung nicht gelang.

Seit Beginn meiner Arbeitslosigkeit waren meine Frau, meine Kinder und ich nicht mehr in Urlaub. Ich beantrage für die Zeit vom 13. bis 24. August ... Sonderurlaub. Wir möchten Verwandte von uns in Süddeutschland besuchen.

Bitte teilen Sie mir rechtzeitig mit, ob Sie meinem Antrag auf Sonderurlaub entsprechen.

Vielen Dank im Voraus.

Freundliche Grüße

Werner Schreier

Beschwerdebriefe

Schlucken Sie Ihren Ärger nicht herunter. Wenn etwas nicht so gelaufen ist, wie Sie es sich vorgestellt haben, dann sagen Sie es der betreffenden Person oder dem Unternehmen.

Betrachten Sie zudem Ihre Beschwerde positiv: Nur wenn Sie sich beschweren, geben Sie dem Betreffenden eine Chance, beim nächsten Mal besser zu reagieren oder zu arbeiten und sich sonst zu ändern. Für Unternehmen – auch wenn einige dies noch nicht erkannt haben – sind Kundenbeschwerden oft die einzige Möglichkeit, Fehler zu erkennen und abzustellen.

Damit Ihre Beschwerde auch wirklich Erfolg hat, achten Sie bei Ihrem Schreiben auf die folgenden sieben Punkte:

Schlafen Sie mindestens eine Nacht, bevor Sie Ihre Beschwerde formulieren.

- Zeigen Sie Ihre Beschwerde einem neutralen Dritten, und bitten Sie ihn um sein Urteil.
- Drohen Sie nicht.
- Fragen Sie sich, ob Sie mit Ihrer Beschwerde wirklich im Recht sind.
- Schildern Sie die Umstände, die zu Ihrer Beschwerde geführt haben, möglichst genau.
- Schreiben Sie Beschwerden „vertraulich", damit Sie Ihrem Gegenüber die Möglichkeit geben, sein „Gesicht zu wahren".
- Üben Sie sachliche Kritik, ohne beleidigend zu wirken.

Schreiben an den Besitzer des Nachbarhauses

Müll in meinem Garten

Lieber Herr Wegener,

wie Sie vielleicht wissen, grenzt mein Garten direkt an Ihr Mehrfamilienwohnhaus in der Soeststraße 13.

In der Vergangenheit hatte ich bisher keinen Grund, mich jemals zu beschweren. Leider werden seit drei Wochen die Mülltonnen und die Papiercontainer von Ihren Mietern nicht mehr in den von Ihnen vorgesehenen Schuppen gestellt. Zusätzlich werden teilweise die Mülltonnen sogar offen stehen gelassen. Durch den Wind wird dann nicht nur der Geruch der Biotonne auf meine Terrasse geweht, sondern auch ein Teil des Altpapiers und des leichten Mülls.

Ich bitte Sie, dafür zu sorgen, dass Ihre Mieter die Mülltonnen wieder ordnungsgemäß an den dafür vorgesehenen Ort stellen.

Für eine schnelle Klärung des Sachverhalts wäre ich Ihnen sehr dankbar.

Auf eine weiterhin gute nachbarschaftliche Beziehung

Ihr

Freddy Raschker

Schreiben an einen Lebensmittelhersteller

Wenn Sie Lebensmittel erworben haben, die nicht genießbar sind, haben Sie zwei Ansprechpartner für Ihre Beschwerde: Das Geschäft, in dem Sie sie erhalten haben und den Hersteller. Je nach Art der „Beschädigung" der Lebensmittel richten Sie Ihr Schreiben an den einen oder anderen Beteiligten. Bei Kunststoffgeruch ist der Hersteller der richtige Ansprechpartner.

Merkwürdiger Beigeschmack

Sehr geehrte Damen und Herren,

am ... habe ich vier Tüten Ihrer „Classic-Tacos" im Sparmarkt in Karlsruhe in der Mannheimer Straße gekauft. Leider musste ich nach dem Öffnen der ersten beiden Tüten feststellen, dass statt der erwarteten Leckerei Tacos mit einem merkwürdigen Kunststoffgeruch und -geschmack in der Verpackung enthalten waren.

Die Tacos waren als Vorspeise für einen Mexikanischen Abend vorgesehen. Leider konnte ich sie niemandem anbieten. Deshalb mussten wir auf die Vorspeise verzichten und ich war gezwungen, die schon geöffneten Dressings am nächsten Tag zu entsorgen.

Ich freue mich, von Ihnen zu hören, wenn Sie eine Erklärung für den merkwürdigen Beigeschmack haben. Bis dahin werde ich jedoch Abstand vom Kauf Ihrer Produkte nehmen. Die „Kunststoff" Tacos schicke ich mit.

Mit freundlichen Grüßen

Uwe Lischik

Beschwerde an einen Partyservice

Ihr Büfett zu unserem 25-jährigem Firmenjubiläum

Sehr geehrter Herr Ignazio,

für unser Firmenjubiläum am 11. November … hatten wir bei Ihnen ein Büfett, der Kategorie „Surprise“ für 250 Personen bestellt.

Zu unserem Bedauern waren wir mit Ihrem Partyservice nicht ganz zufrieden.

Unsere Hauptkritikpunkte sind:

- ein Teil der warmen Gerichte, Braten und Beilagen waren zur pünktlichen Eröffnung des Büfetts schon so weit abgekühlt, dass man sie nur noch als lauwarm bezeichnen konnte.
- die gelieferte Menge hat nur ganz knapp für die anwesenden 220 Personen ausgereicht. Wären alle Personen gekommen, wären mit Sicherheit einige unserer Gäste hungrig nach Hause gegangen.

Dank der guten Stimmung unserer Jubiläumsgäste ist unser Fest bei allen in guter Erinnerung geblieben. Während unserer längeren Geschäftsbeziehung haben wir Sie bisher als zuverlässigen und besonders guten Partyservice kennen gelernt. Umso mehr hat uns deshalb das Büfett enttäuscht.

Wir hoffen jedoch, dass Sie uns bei unserem nächsten Jubiläum wieder mit gewohnt guter Küche überzeugen.

Mit freundlichen Grüßen

KKS Kuffner

Gerd Kuffner

Beschwerdeschreiben an das Ordnungsamt*

Zustand des Parks an der Kastanienallee

Sehr geehrte Damen und Herren,

als vor einem halben Jahr die Kastanienallee und der Kastanienpark neu gestaltet und eingeweiht wurden, haben wir Anwohner uns alle gefreut.

Leider sind schon die ersten Sitzbänke. Spielgeräte und Beete zerstört worden. Trotz mehrmaliger Anrufe bei Ihnen kurz nach der Zerstörung hat sich bisher noch niemand vom Straßenbauamt um den Zustand der Anlagen gekümmert oder gar die defekten und für Kinder gefährlichen Spielgeräte repariert.

Es ist doch schade, wenn dieser ehemals wirklich schöne Park nicht mehr als Erholungsraum und als Kinderspielplatz genutzt würde.

Wir, die Anwohner, hoffen, dass Sie die katastrophalen Zustände im Kastanienpark so schnell wie möglich beseitigen, damit unsere Kinder wieder sicher spielen können.

Im Namen der Anwohner

mit freundlichen Grüßen

Joachim Stein Francesco Gueli

---

* Die Bezeichnung dieser Behörde ist regional unterschiedlich.

Schreiben an einen Handwerksbetrieb

Es ist häufig schon schwierig genug, einen Handwerker zu finden, der Zeit hat. Wenn dann Termine nicht eingehalten werden, ist dies umso ärgerlicher.

Termine sind Termine!

Sehr geehrter Herr Schlemmer,

wir hatten am 18. Oktober … um 8:00 Uhr einen Termin für die Renovierungsarbeiten unserer Büroräume Wiedenbrücker Straße 12 vereinbart. Sehr zu unserem Leidwesen ist jedoch keiner Ihrer Mitarbeiter zum vereinbarten Termin erschienen. Als um 10:00 Uhr immer noch niemand gekommen war, haben wir versucht, jemanden in Ihrer Firma telefonisch zu erreichen. Wir hatten jedoch immer nur Ihren Anrufbeantworter am Apparat. Auch in den folgenden zwei Tagen konnten wir niemanden bei Ihnen erreichen.

Da unser Büro vollständig geräumt war und unser Personal Urlaub hatte, waren diese beiden Tage für uns ein voller Betriebsausfall. Auch Folgearbeiten konnten wir deshalb in der Zwischenzeit nicht durchführen lassen.

Wir sind sehr verärgert, denn wir müssen durch diese Verzögerung mit etlichen Mehrkosten und Schwierigkeiten rechnen.

Ich bin leider gezwungen, Ihnen als Frist für die endgültige Ausführung bzw. Beendigung der Arbeiten den 30. Oktober …, 17:00 Uhr zu setzen. Sollten Sie diesen Termin nicht einhalten, werde ich Ihnen die Kosten für den bisherigen Betriebsausfall unverzüglich in Rechnung stellen.

Ich hoffe auf Grund unserer bisherigen guten Geschäftsbeziehung, dass Sie diesen Termin nicht wieder verstreichen lassen und wir uns somit nicht zu der angekündigten Maßnahme gezwungen sehen.

Mit freundlichen Grüßen

Personalagentur Leisner

Carola Meister

Bestätigungsschreiben

Die Schwierigkeit, ein Bestätigungsschreiben zu verfassen, liegt darin, dass es im Grunde genommen nicht viel zu sagen gibt, außer: „Ich/wir bestätigen Ihnen, dass …“
Aber genau das möchten die wenigsten von uns zu Papier bringen, weil es sich weder besonders individuell noch persönlich oder höflich anhört.

Beachten Sie bei Bestätigungsschreiben, dass Sie

- sie so schnell wie möglich verschicken,
- präzise und unmissverständlich formulieren,
- bei Terminbestätigungen den Ort, die Zeit, das Datum und den Wochentag angeben. Auch besondere Vorkehrungen, die anlässlich eines Termins getroffen werden müssen, sollten geklärt und erwähnt werden.

Bestätigung eines Liefertermins

Ihr Auftrag vom 12. Juli ...
über die Lieferung von 10 Fernsehgeräten

Sehr geehrter Herr Brühl,

vielen Dank für Ihren Auftrag.

Als Liefertermin haben wir bei uns Donnerstag, den 30. Juli vorgesehen.

Die Ware liefern wir Ihnen frei Haus.

Bei Fragen rund um Ihren Auftrag ist Ihnen Bernd Klein unter der Telefonnummer gern behilflich.

Mit freundlichen Grüßen

Visio GmbH Auslieferungslager

Gert Stelzer

Bestätigung einer Vereinbarung

Unser Gespräch am Dienstag, dem 23. Oktober

Sehr geehrter Herr Zander,

vielen Dank für das interessante und informative Gespräch mit Ihnen und Ihren Mitarbeitern.

Um die wichtigsten Ergebnisse unserer Verhandlungen schwarz auf weiß festzuhalten, habe ich noch einmal kurz die wichtigsten Punkte zusammengefasst:

1. Endmontage der Produktionsstraße bis spätestens zum 18. November 18 Uhr.
2. Die Zubringerautomaten werden ohne Aufpreis in der Warnfarbe RAL 223 lackiert.
3. In den ersten beiden Tagen der anlaufenden Produktion stellen wir Ihnen einen Servicetechniker unserer Firma zu einer Pauschale von ... EUR zur Verfügung.

Bitte bestätigen Sie mir die hier festgehaltenen Punkte mit einem kurzen Vermerk. Wenn wir bis zum 28. Oktober von Ihrer Seite nichts mehr hören, setze ich Ihr Einverständnis voraus, und wir beginnen am 1. November ... pünktlich um 7 Uhr mit der Montage der neuen Produktionsstraße S4.

Mit freundlichen Grüßen

Automaten Meier GmbH

Siegfried Krause
Geschäftsführer

Terminbestätigungen

Die Bestätigung eines Termins fällt vielen Menschen, die auf die üblichen Floskeln, wie beispielsweise „bezugnehmend auf das soeben mit Ihnen geführte Telefonat" verzichten wollen, besonders schwer. Damit Sie Ihre Termine einmal anders zusagen können, an dieser Stelle ein paar Ideen für Sie:

Bestätigung des Gesprächstermins

Sehr geehrte Frau Jehn,

es freut mich, dass wir trotz unserer vollen Terminkalender schon in der übernächsten Woche Zeit für ein persönliches Gespräch gefunden haben.

Damit Sie den Weg am 8. Juni um 10:30 Uhr zu uns nach Zürich finden, haben wir Ihnen eine Wegeskizze beigelegt.

Ich freue mich auf ein konstruktives Gespräch und Ihre Ideen.

Mit freundlichen Grüßen

Haller KG & Co.

Gert Lonauer
Leiter Personal

Anlage
Wegeskizze

Terminbestätigung

Sehr geehrter Herr Kaiser,

damit wir den Termin, den wir eben am Telefon vereinbart haben, auf gar keinen Fall aus den Augen verlieren, bestätige ich Ihnen unser Treffen kurz.

Wir sehen uns am Montag, dem 21. Juli …, um 14:00 Uhr.
Ich komme in Ihr Büro in der Bergstraße 15.

Die nötigen Unterlagen werde ich bis dahin erstellen lassen und mitbringen.

Ich freue mich auf unser Gespräch und grüße Sie aus Herford.

Dieter Breuer

Bestätigung für ein eingegangenes Angebot

Ihr Angebot vom ... über zwei neue Tore

Sehr geehrter Herr Schieffer,

vielen Dank für Ihr Angebot. Es scheint mir auf den ersten Blick sehr günstig zu sein. Um aber alle Angebote, die uns vorliegen miteinander vergleichen zu können, benötigen wir ungefähr zwei Wochen.

Sie erhalten jedoch spätestens bis zum 15. Januar ... eine Nachricht von uns.

Bis dahin bitten wir Sie um ein wenig Geduld.

Vielen Dank.

Mit freundlichen Grüßen

Tobit Süßwaren GmbH

Lea Feiter
Leiterin Einkauf

Bewerbungen

Ein Bewerbungsschreiben gehört sicher mit zu den anspruchsvollsten Briefen in der gesamten Korrespondenz. Es sollte so individuell wie möglich auf das Unternehmen, bei dem Sie sich bewerben, zugeschnitten sein. Einfach alles muss stimmen, Ihr Schreiben ist quasi Ihre Visitenkarte.

Ganz entscheidend dafür, ob Ihre Bewerbung Anklang findet, ist der erste Eindruck, den sie hinterlässt. Also: Bereits bevor der Personalchef Ihr Anschreiben liest, muss er von der Aufmachung Ihrer Bewerbung angetan sein.

Hier ein paar Tipps, damit der erste Eindruck stimmt:

- Verwenden Sie zum Frankieren Ihrer Bewerbungspost niemals den Freistempler Ihres derzeitigen Arbeitgebers. Das macht einen merkwürdigen Eindruck. Frankieren Sie Ihren Brief mit der erforderlichen Briefmarke. Überprüfen Sie, ob Sie ausreichend frankiert haben. Es wäre in höchstem Maße peinlich, wenn der Empfänger Nachporto zahlen müsste.
- Drucken Sie Anschreiben und Lebenslauf nicht auf gewöhnlichem weißem Schreibmaschinenpapier aus. Heben Sie sich positiv von der Masse ab, indem Sie sich auf Papier mit Wasserzeichen bewerben.
- Stecken Sie nicht jedes einzelne Blatt in eine Klarsichthülle. Das sieht so aus, als wollten Sie die Unterlagen noch einmal verwenden.
- Lochen Sie Ihre Unterlagen nicht!
- Entscheiden Sie sich als „Verpackung“ für Ihre Unterlagen entweder für einen Klemmhefter oder eine hochwertige Bewerbungsmappe, die meistens aus dickerer Pappe ist.
- Schlechte oder verknickte Kopien von Zeugnissen gehören in den Mülleimer und nicht in die Bewerbungsmappe.

Die folgenden Unterlagen sollte Ihre Bewerbung enthalten:

- Das Anschreiben – nicht länger als eine DIN-A4-Seite.
- Ein von einem Fotografen aufgenommenes Passfoto.
- Ihren Lebenslauf. In der Regel tabellarisch, es sei denn in der Ausschreibung wird ausdrücklich ein handgeschriebener oder ausführlicher Lebenslauf verlangt.
- Zeugniskopien in chronologischer Reihenfolge. Das jüngste Zeugnis, bestenfalls ein Zwischenzeugnis Ihres jetzigen Arbeitgebers, befindet sich also direkt hinter dem Lebenslauf.

Zusätzlich kann Ihre Bewerbung noch folgende Unterlagen enthalten:

- Arbeitsproben
- polizeiliches Führungszeugnis
- Praktikumsbescheinigungen
- Referenzen
- Teilnahmebestätigungen/Zertifikate über Kurse oder Schulungen

In diesem Kapitel erhalten Sie nicht nur Anregungen für Bewerbungsschreiben, sondern auch drei tabellarische Muster-Lebensläufe. Auch sie werden handschriftlich unterschrieben.

Bewerbung als Marketingleiterin

Bewerbung: Marketingleiterin –
Ihre Anzeige im „Tagesspiegel" vom ...

Sehr geehrte Damen und Herren,

ich habe mich sehr gefreut, eine Stellenanzeige zu finden, die meinen Wünschen und Vorstellungen so nahe kommt.

Aus meinen Zeugnissen werden Sie sehen, dass ich in den letzten drei Jahren bereits im Marketing eines Bauunternehmens gearbeitet habe. Dabei konnte ich sowohl meine kreativen Fähigkeiten im Texten und Gestalten einsetzen als auch konzeptionell arbeiten. Der organisatorische Bereich, der gerade in leitender Funktion große Anforderungen stellt, ist mir sehr vertraut.

Einsatzbereitschaft und Engagement in meiner Arbeit ergeben sich für mich schon aus der Tatsache, dass das Marketing wirklich mein „Traumberuf" ist – weit mehr als ein Weg, Geld zu verdienen.

Meine derzeitige Aufgabe ist abwechslungsreich und anspruchsvoll, es gibt jedoch in absehbarer Zeit in meiner Abteilung keine Aufstiegsmöglichkeit. Ich möchte deshalb nun den nächsten Schritt in meiner beruflichen Entwicklung machen und auch Führungsverantwortung übernehmen. Eine gute Vorbereitung für diese Aufgabe ist sicherlich der in meiner täglichen Arbeit erforderliche sensible Umgang mit Menschen. Ob intern Vorgesetzte und Kollegen von unseren Vorschlägen überzeugt oder externe Mitarbeiter wie Grafiker und Texter gebrieft werden müssen – immer ist auch Motivation und sorgfältige Führung erforderlich, um das gewünschte Ziel zu erreichen.

Ich möchte gern mehr über Ihre Firma und den Aufgabenbereich Marketing erfahren. Lassen Sie uns doch einfach einmal in einem persönlichen Gespräch überprüfen, wie gut wir zueinander passen. Ich freue mich darauf!

Mit freundlichen Grüßen

Corinna Kuhn

Anlagen

Bewerbung um einen Ausbildungsplatz als Optiker

Ihr Stellenangebot in den „Overhagener Nachrichten“
vom 10. August ...
Ausbildungsplatz als Augenoptiker

Sehr geehrter Herr Landerer,

Ihre Annonce, in der Sie einen Auszubildenden für den Beruf des Augenoptikers suchen, habe ich gelesen. Der Beruf des Augenoptikers interessiert mich sehr, deshalb bewerbe ich mich bei Ihnen um den Ausbildungsplatz.

Der Beruf fasziniert mich deshalb, weil er auf der einen Seite technisches Verständnis und auf der anderen Seite Geschick im Umgang mit Menschen verlangt. Hinzu kommt eine Portion guten Geschmacks, um Kunden wirklich optimal beraten zu können.

Im April dieses Jahres habe ich mein Abitur gemacht und bis heute in Form von „Aushilfstätigkeiten“ in verschiedene Berufe hineingeschnuppert – unter anderem habe ich auch bei einem Augenoptiker mehrere Wochen ausgeholfen.

Ich bin mir sicher, mich für den für mich optimalen Ausbildungsberuf entschieden zu haben und würde mich gern bei Ihnen persönlich vorstellen.

Es würde mich freuen, von Ihnen zu hören.

Mit freundlichen Grüßen

Peter Bonder

Anlagen

Bewerbung als Fonotypistin

Fonotypistin im Chefsekretariat
Anzeige in der „Stuttgarter Zeitung" vom ...

Sehr geehrte Damen und Herren,

Sie suchen eine „leistungsstarke" Fonotypistin, die auch die Chefsekretärin entlasten soll. Ich glaube, dass ich die entsprechenden Anforderungen erfüllen kann.

Nach meiner Ausbildung zur Bürogehilfin war ich zwei Jahre im zentralen Schreibdienst meiner Firma, der Janson KG, tätig (Schreiben mit Hilfe von Textbausteinen, Korrespondenz nach Fonodiktat).

Dabei lernte ich, mit verschiedenen Textverarbeitungssystemen umzugehen. Im letzten halben Jahr wurde ich als „Springerin" vertretungsweise in den Sekretariaten der Chefetage des Unternehmens eingesetzt. Ich habe sichere Kenntnisse in neuer und alter Rechtschreibung und Zeichensetzung.

Wie Sie meinem Lebenslauf entnehmen können, habe ich länger als ein Jahr in Australien gelebt. Meine Englischkenntnisse sind sehr gut – leider hatte ich bisher keine Gelegenheit, diese beruflich einzusetzen. Ich hoffe, dass sich dazu in Ihrem Unternehmen Gelegenheit bieten wird, zum Beispiel bei Abwesenheit der Chefsekretärin.

Meinen Arbeitsplatz in Berlin habe ich aufgeben müssen, weil mein Mann eine Agentur in Stuttgart übernommen hat.

Darf ich mich bei Ihnen vorstellen?

Mit freundlichem Gruß

Anlagen
Lebenslauf
Zeugnisse
Weiterbildungsnachweise

Bewerbung als Fremdsprachensekretärin

Ihre Anzeige in der Rheinischen Post
vom 21. September ...

Sehr geehrte Frau Bongartz,

Sie suchen eine Fremdsprachensekretärin, die bereit ist, sich in umfassende Sachverhalte einzuarbeiten. Dieser Aufgabe würde ich mich gern stellen.

Zurzeit besuche ich die Deutsche Sekretärinnen Akademie in Lippstadt, die ich Ende dieses Monats als Fremdsprachliche Direktionssekretärin verlassen werde. Mein frühester Eintrittstermin ist damit der 1. Oktober dieses Jahres.

Nach dem Erwerb der Allgemeinen Hochschulreife im Juni ... habe ich im Oktober ... meine Ausbildung zur Fremdsprachlichen Direktionssekretärin begonnen. Dieser Studiengang beinhaltet schwerpunktmäßig die Fremdsprachen Englisch und Spanisch und wird durch die Vermittlung von fundierten Kenntnissen in Sekretariatskunde, EDV (Büroanwendungsprogramme, WINDOWS XP) sowie in verschiedenen Bereichen der Wirtschaftswissenschaften erweitert.

Erste Erfahrungen im Sekretariatsbereich konnte ich durch ein berufsbegleitendes Praktikum bei der Firma Mergel in Gütersloh erwerben. Dort habe ich einen sehr intensiven Einblick in die Aufgaben einer Fremdsprachensekretärin erhalten.

Weitere Informationen zu meinen Qualifikationen erhalten Sie aus den beigefügten Unterlagen. Gern können Sie mich bei Fragen auch anrufen.

Über die Einladung zu einem persönlichen Gespräch würde ich mich sehr freuen.

Mit freundlichen Grüßen

Käthe Weiß

Anlagen

Bewerbung für eine Stelle im Außendienst

Bewerbung als Außendienstmitarbeiter

Sehr geehrter Herr Schuster,

vielen Dank für das informative Telefonat letzte Woche. Mit diesem Schreiben erhalten Sie – wie vereinbart – meine vollständigen Bewerbungsunterlagen.

Ich bin seit acht Jahren als Heizungsinstallateur für verschiedene Firmen tätig. In dieser Zeit habe ich sämtliche Arbeiten dieses Handwerks selbstständig ausgeführt – dabei hat mir die Beratung der Kunden und die Erstellung von individuellen Angeboten am meisten Spaß gemacht und mich besonders gefordert.

In der Außendienst-Tätigkeit für Ihr Unternehmen sehe ich die beste Möglichkeit, meine vielseitigen Erfahrungen in diesem speziellen Bereich erfolgreich einbringen zu können.

Durch den Besuch von Weiterbildungskursen an der IHK habe ich mir in den letzten zwei Jahren das notwendige kaufmännische Wissen angeeignet, das Sie von einem Bewerber für diese Stelle erwarten. Die Kombination dieser Kenntnisse, meine praktischen Erfahrungen und meine kundenorientierte Einstellung sind eine gute Grundlage für eine erfolgreiche Arbeit im Außendienst.

Über Ihre Einladung zu einem persönlichen Gespräch freue ich mich schon jetzt.

Mit freundlichen Grüßen

Bernd Raffler

Anlagen

Bewerbung als Heizungstechniker

Ihre Anzeige in „Die Glocke“
Als Heizungstechniker können Sie uns richtig einheizen!

Sehr geehrter Herr Kowalke,

Sie suchen einen qualifizierten Heizungstechniker. Die von Ihnen gewünschten Qualifikationen bringe ich mit, und außerdem suche ich eine neue Herausforderung, der ich mich gern in Ihrem Unternehmen stellen möchte.

Seit drei Jahren bin ich in meiner jetzigen Firma als Heizungstechniker beschäftigt. Leider habe ich in letzter Zeit mehr in unserer Verwaltung gearbeitet als mich dem Kundendienst und der Kundenberatung gewidmet. Dies veranlasst mich nun, mich beruflich zu verändern.

Wie Sie meinen Zeugnissen und Zertifikaten entnehmen können, bin ich ausgebildeter Techniker mit Schwerpunkt Wärme- und Kältetechnik.

In drei Schulungen innerhalb der letzten zwei Jahre habe ich mich zusätzlich zum Klimaanlagen-Fachberater weitergebildet.

Wenn Sie nicht nur jemanden suchen, der Ihnen „einheizt“, sondern jemanden, der Ihnen das richtige Klima einstellt, dann möchte ich gern für Sie arbeiten.

Für ein persönliches Vorstellungsgespräch stehe ich Ihnen gern zur Verfügung.

Mit freundlichen Grüßen

Malte Wintermeier

Anlagen

Bewerbung als Kosmetikerin

Ihre Anzeige im Hamburger Tageblatt – Bewerbung als Kosmetikerin

Sehr geehrte Frau von Brenkenstein.

Sie suchen zum 1. Oktober eine qualifizierte, engagierte und kommunikative Kosmetikerin, die Ihren Kundinnen und Kunden eine kompetente Ansprechpartnerin in allen Fragen rund um die Schönheit ist? Ihre neue Mitarbeiterin sollte dazu noch freundlich, aufgeschlossen und auch verschwiegen sein, da Ihre Kundinnen aus den besten Kreisen Hamburgs kommen?

Ich glaube, dass ich als ausgebildete Kosmetikerin mit Zertifikaten der bekanntesten Firmen dieser Branche in allen Bereichen der Kosmetik eine gute Ansprechpartnerin Ihrer Kundinnen werden könnte.

Ich habe zusätzliche Schulungen bei … und … in den folgenden Bereichen belegt:

- Gesichts- und Dekolletébehandlungen
- Maniküre und Pediküre
- Make-up-Beratungen bei Hautproblemen
- Problemzonenanalyse

Nach meinem Abschluss als staatlich geprüfte Kosmetikerin arbeite ich in ungekündigter Stellung auf der Schönheitsfarm Claudia auf Sylt. Da ich jedoch zurück in meine Heimatstadt Hamburg möchte, ist mir sofort die Anzeige Ihres renommierten Institutes aufgefallen.

Über die Einladung zu einem persönlichen Gespräch würde ich mich sehr freuen.

Mit freundlichen Grüßen

Sabine Müller

Anlagen

„Blind"-Bewerbung um eine Stelle im PR-Bereich

Bewerbung im PR-Bereich

Sehr geehrter Herr Meißner,

mit großem Interesse verfolge ich schon seit langem die Aktivitäten Ihres Verlags. Heute bewerbe ich mich bei Ihnen um eine Position im Bereich PR, weil ich zur Umsetzung Ihrer Unternehmensziele beitragen möchte.

Zurzeit studiere ich im 10. Fachsemester Geschichte/Wirtschafts- und Sozialgeschichte/Politische Wissenschaft an der RWTH Aachen. Nach voraussichtlichem Abschluss des Studiums Ende diesen Monats (Magister) sehe ich meine berufliche Zukunft in der Öffentlichkeitsarbeit.

Bereits im Gymnasium habe ich an der Schülerzeitung „Cusanus-Kurier" mitgearbeitet. Im Besonderen war ich verantwortlich für die Erstellung von Informationsplakaten, Artikeln und Kontakten zur lokalen Presse.

Weiterhin habe ich während meines Studiums ein 6-wöchiges Praktikum bei der Pressestelle des Presse- und Informationsamts der Stadt Köln sowie ein 2-monatiges Praktikum der Zentralstelle Presse und Kommunikation des Malteser-Hilfsdiensts e.V. Aachen absolviert.

Den Schwerpunkt meiner Tätigkeit bildeten:

- Vorbereitung und Mitgestaltung von Pressekonferenzen. Kontaktaufnahme zu geeigneten Interview- und Gesprächspartnern.
- Recherche und Verfassen von Pressetexten.
- Konzeption und Realisierung medienwirksamer Themen. Erstellung von Pressespiegeln

–2–

Warum möchte ich zu Ihnen?

- Weil mich die publikumswirksame Aufbereitung komplexer Sachverhalte in Form praktischer Ratgeber für Unternehmer und „solchen, die es werden wollen“, interessiert.
- Weil diese Dienstleistung als „Do-it-yourself-Angebot“ von Menschen für Menschen echte Beratung bietet.

Sofern Sie eine vakante Position in Ihrer PR-Abteilung zu besetzen haben, würde ich gern ein detailliertes Gespräch mit Ihnen führen.

Mit freundlichen Grüßen

Reiner Meier

Bewerbung als Speditionskauffrau

Ihre neue Speditionskauffrau

Sehr geehrter Herr Müller,

ist es richtig, dass in Ihrem Unternehmen die Stelle einer Speditionskauffrau neu besetzt werden soll? Wenn ja, dann suchen Sie sicher jemand mit Erfahrung, der zudem engagiert und motiviert ist.

Meinen derzeitigen Arbeitgeber muss ich leider verlassen, da die Firma Vergleich beantragt hat. Ich bin/war verantwortlich für alle Transatlantik-Verschiffungen. Bis Ende letzten Jahres habe ich die innereuropäische Verschiffung in leitender Position betreut.

Einzelheiten zu meinem Werdegang und Erfahrungen als Speditionskauffrau würde ich Ihnen gern in einem persönlichen Gespräch darlegen.

Ich freue mich auf Ihre Antwort.

Mit freundlichen Grüßen

Inga Hülsey

Anlagen

Bewerbung für ein Praktikum

Mit einer Praktikantin das Tagesgeschäft entlasten

Sehr geehrte Frau Schlier,

kann Ihre Steuerkanzlei noch eine gute, tatkräftige und lernwillige Unterstützung im Tagesgeschäft gebrauchen? Das trifft sich gut! Mein Praktikum bei Ihnen entlastet Ihre Mitarbeiterin, und ich lerne dabei die Arbeit bei einer Steuerberaterin kennen.

Es wäre schön, wenn Sie mir die Möglichkeit gäben, die tägliche Praxis einer erfolgreichen Steuerkanzlei kennen zu lernen. Bereits während meines letzten Praktikums bei der DATEV habe ich gelernt, selbstständig zu arbeiten, sodass ich mir sicher bin, Sie spürbar bei einigen Aufgaben entlasten zu können.

Ideal wäre ein Praktikum vom 1. Juli bis zum 31. August …

Dieses Praktikum soll mir die letzte Gewissheit verschaffen, dass der Beruf der Steuerfachgehilfin der richtige für mich ist.

Ich freue mich auf Ihre Nachricht oder die Einladung zu einem persönlichen Gespräch.

Mit freundlichen Grüßen

Ismet Gül

Anlagen

Bewerbung um ein Trainee-Programm

Bewerbung für das Gehlen-Trainee-Programm ... (Jahreszahl)

Sehr geehrte Damen und Herren,

Sie suchen für Ihr Unternehmen den Trainee, der in der Lage ist, durch seine Ideen und seine strukturierte Arbeitsweise zu Ihrem Erfolg beizutragen. Ich glaube, dass ich diesen Anforderungen entsprechen kann.

Ich studiere seit sieben Semestern Betriebswirtschaft an der Universität Köln. Zurzeit schreibe ich meine Diplomarbeit über „Controlling in internationalen Kapitalgesellschaften“. Die Mitarbeit in Ihrem Hause reizt mich besonders wegen der internationalen Arbeitsweise und der führenden Stellung, die Ihr Unternehmen seit Jahrzehnten auf dem Weltmarkt hat. Ich bin überzeugt, dass ich die Voraussetzungen für einen Trainee in Ihrem Unternehmen erfülle:

- Ich absolviere ein breit angelegtes Studium.
- Ich habe mehrere Auslandspraktika abgelegt.
- Ich bin leistungsbereit, flexibel und hoch motiviert.

Meine guten Englisch- und Spanischkenntnisse werden mir bei der Arbeit in Ihrem internationalen Unternehmen sicher zugute kommen.

Ich kann die Stelle sofort im Anschluss an die letzte Prüfung am 23. Oktober bei Ihnen antreten. Ich freue mich auf Ihre Nachricht und auf ein persönliches Gespräch.

Mit freundlichen Grüßen

Gisa Schulze

Anlagen

Bewerbung als Werkzeugmacher

Ihre Anzeige in der „Berliner Morgenpost“
Ausbildungsplatz für einen Werkzeugmacher

Sehr geehrte Damen und Herren,

Sie suchen einen aufgeweckten und engagierten Auszubildenden, der das Handwerk des Werkzeugmachers erlernen möchte, der lernfähig ist und sich gern in ein Team einfügt.

Ich glaube, dass ich auf Grund meiner Schulbildung und meiner handwerklichen Fähigkeiten Ihren Anforderungen genüge.

Bei der Berufsberatung habe ich mich über den Beruf des Werkzeugmachers informiert und auch schon an einer Betriebsbesichtigung einer Werkzeugfabrik teilgenommen. Mein Schulpraktikum habe ich bei der Müller AG gemacht und sogar noch um zwei Wochen in den Sommerferien verlängert.

Da ich gerne handwerklich arbeite und hier auch sehr gute Erfahrungen gemacht habe, glaube ich, den richtigen Beruf gewählt zu haben.

Zurzeit bin ich noch bei der Bundeswehr, um den Wehrdienst in einer Instandsetzungskompanie abzuleisten. Auch hier arbeite ich bereits im Metallbereich und konnte schon viele Erfahrungen sammeln, die mir sicher während meiner Ausbildung sehr hilfreich sein werden.

Über eine Einladung zu einem Vorstellungsgespräch würde ich mich sehr freuen.

Mit freundlichen Grüßen

Bernd Raffel

Anlagen

Lebenslauf einer Schulabgängerin

Lebenslauf

Name	Müller
Vorname	Sabine
Geburtsdatum	15. September 1991
Geburtsort	Arnsberg
Familienstand	unverheiratet

Schulbesuch

1997–2001	Stadtwald-Grundschule, Arnsberg
2001–2008	Gesamtschule Herne
Abschluss:	Realschulabschluss

Besondere Kenntnisse	gute Englisch- und Französischkenntnisse, Erfahrung in Textverarbeitung

Arnsberg, 17. August …

Sabine Müller

Lebenslauf eines Bäckers

Lebenslauf

Name	Willenbücher
Vorname	Fritz
Geburtsdatum	16. November 1970
Geburtsort	Hermannsdorf
Familienstand	verheiratet, ein Kind
Schulbesuch	
1976–1980	Heine-Grundschule, Hermannsdorf
1980–1986	St. Michael Hauptschule, Hermannsdorf
Praktikum	
12. 06 – 15. 08. 1985	Praktikum in der Bäckerei Kanter, Düsseldorf
Ausbildung	
1986 – 1989	Dreijährige Ausbildung zum Bäcker bei der Bäckerei Kanter, Düsseldorf Abschluss: Bäckerprüfung vor der Handwerkskammer mit der Note „gut“
seit Oktober 1989	Bäckergeselle bei der Bäckerei Kanter
Besondere Kenntnisse	Führerschein Klasse 2 und 3

Hermannsdorf, 20. September …

Fritz Willenbücher

Lebenslauf eines Hochschulabgängers

Lebenslauf

Name		Erim
Vorname		Duran
Geburtstag		07. Februar 1982
Geburtsort		Dortmund
Familienstand		unverheiratet
Schulbesuch	1988–1992	Uferallee-Grundschule, Dortmund
	1992–2001	Adenauer-Gymnasium, Dortmund Abschluss: Allgemeine Hochschulreife
Studium	2002–2008	Studium der Geschichtswissenschaft an der Universität Frankfurt Abschluss: Magister
Praktika	Juli/August 2002	Senkenberg Museum, Abteilung Dokumentation Mittelalter
	Juli/August 2005	Schirn Frankfurt, Erstellung des Ausstellungskataloges „Picasso – ein Mann dieser Zeit“
Besondere Kenntnisse:		Türkischkenntnisse (sehr gut), Englisch- und Italienischkenntnisse (gut)

Frankfurt, 21. Oktober …

Duran Erim

Danksagungen

Erinnern Sie sich noch an die letzte Party, oder Feier, die Sie mit viel Spaß und Energie organisiert haben? Ihre Gäste haben sich gut amüsiert? Und der Abend war rundum gelungen?
Sicher hätten Sie sich gefreut, wenn Ihnen an einem der darauf folgenden Tage einen netter Brief zugestellt worden wäre, in dem sich ein Gast für den netten Abend bedankt. Ein zusätzlicher kleiner Blumenstrauß hätte die Dankesworte perfekt gemacht und Sie hätten sich sehr über diese Geste gefreut.
Wir sagen heutzutage viel zu selten danke – obwohl wir es selber gern hören. Und ein Danke in schriftlicher Form hinterlässt beim Empfänger einen besonders nachhaltigen Eindruck. Sie erhalten in diesem Kapitel Vorschläge für verschiedene Gelegenheiten, zu denen ein Dankesbrief eine ausgesprochen schöne Geste wäre. Und denken Sie immer daran: Auch Sie selber würden sich über einen solchen Brief freuen!

Das sollten Sie beachten:

- Handgeschriebene Briefe sind am wirkungsvollsten.
- Auch mit wenigen Worten können Sie Ihren Dank zum Ausdruck bringen.
- Bedanken Sie sich möglichst umgehend. Ein Dankesbrief, der erst nach 14 Tagen „eintrudelt“, wirkt etwas deplatziert.
- Sagen Sie, worüber Sie sich besonders gefreut haben. Das macht Ihren Brief persönlich.

Danksagung fürs Blumengießen und Haushüten

Danke für die Rettung unserer Blumen

Liebe Renate,

wie uns unsere Nachbarn, Dirk und Franz-Josef, erzählt haben, warst du jeden zweiten Tag bei uns in der Wohnung und hast die Blumen gegossen sowie die Fische gefüttert.

Die beiden behaupteten sogar, dass du mehr in unserer Wohnung als in deiner eigenen warst. Dass deine Arbeit als „Hausmeisterin" während unseres Urlaubs so anstrengend für dich werden würde, haben wir nicht geahnt. Denn wann ist es schon bereits im Mai so heiß, dass die Pflanzen so oft gegossen werden müssen?

Nun stellt sich uns die Frage: Wie können wir das wieder gutmachen?

Aus unserem Frankreichurlaub haben wir dir eine Flasche Champagner mitgebracht. Nach deinem Einsatz erscheint uns das jedoch zu wenig, sodass wir dich und deinen Freund Achim am 24. Juli zu einem Essen bei uns einladen. Habt ihr Lust und Zeit?

Und noch einmal vielen, vielen Dank!

Rüdiger und Claudia

Dankschreiben für die Beschaffung eines Ferienjobs

Arbeit? Ich komme!

Liebe Tante Inge,

nie hätte ich gedacht, dass du über so gute Beziehungen in deiner Firma verfügst, dass ich noch so kurzfristig einen Ferienjob für die gesamten Sommerferien bekommen habe.

Ich werde dich sicher nicht enttäuschen und sechs Wochen hart arbeiten. Nicht, dass es hinterher heißt: „Der Neffe von der Schröder hat den ganzen Tag nichts getan".

Ich freue mich sehr auf die Arbeit und vielleicht können wir ja mal die Mittagspause zusammen verbringen.

Vielen Dank und bis bald

dein

Jens

Danke für einen besonders guten Nachhilfeunterricht

Eine „2“ in Mathe!

Lieber Giovanni,

wer hätte das gedacht? Dein unermüdlicher Einsatz in den letzten Wochen hat sich wirklich gelohnt. Selbst mein Lehrer konnte es kaum fassen, dass ich eine „2“ in meiner Mathearbeit habe.

Mathe war noch nie mein Lieblingsfach, aber nach deinem Nachhilfeunterricht habe ich nun überhaupt keine Bedenken, dass dieses Fach mir noch irgendwann einmal Sorgen machen müsste.

Es würde mich freuen, wenn du mir auch in Zukunft in schwierigen Fällen mit Rat und Tat zur Seite stehen könntest. Denn du scheinst das Nachhilfe-Genie zu sein. Nachdem ich für meine Lernerei mit einer „2“ belohnt worden bin, möchte ich deine Mühen gerne mit einer riesengroßen Pizza belohnen. Ruf doch einfach an, wann du Zeit hast.

Bis dahin noch einmal: Vielen Dank!

Dein

Erich

Dankschreiben für ein schönes Hochzeitsgeschenk I

Verfassen Sie derartige Dankschreiben so, dass sie relativ allgemein gehalten sind, damit Sie nicht unzählige individuelle Schreiben verfassen müssen. Lediglich die Anrede und die Bezeichnung des Geschenks sollten Sie individuell variieren.

Liebe Heidi, lieber Rüdiger,

wir haben uns sehr gefreut, dass ihr unsere Hochzeit mit uns gefeiert habt. Und ganz besonders möchten wir uns für euer tolles Geschenk, das Raclette-Set, bedanken.

Es war ein wunderschöner Tag für uns, zu dem ihr wesentlich beigetragen habt!

Als Dank an alle, die dabei waren, starten wir am 25. Juli … eine kleine Dankes-Grillparty. Wir erwarten euch ab 19:00 Uhr auf jeden Fall ohne Geschenk!

Wir freuen uns auf einen schönen Abend.

Dagmar und Bekir

Dankschreiben für ein schönes Hochzeitsgeschenk II

Liebe Inge,

wir haben fast unseren Augen nicht getraut, als wir dein Geschenk zu unserer Hochzeit ausgepackt haben.

Dein Geschenk war nicht nur deshalb herausragend, weil es etwas ganz anderes war, als die Toaster, die Schnellkochtöpfe und die Vorlegebestecke, die wir erhalten haben, sondern weil es einfach eine tolle Idee war.

Woher wusstest du bloß, dass wir schon lange mit dem Gedanken gespielt haben, uns ein edles Schachspiel zu kaufen, es bisher aber irgendwie nie geschafft haben? Wir können uns beim besten Willen nicht erinnern, mit dir darüber gesprochen zu haben, und auf unserer Wunschliste stand es auch nicht.

Liebe Inge, du bist einfach ein Schatz! Vielen, vielen Dank.

Miriam und Peter

Dankschreiben für die Überraschungsparty

Liebe Freunde,

das war wirklich eine echte Überraschung. Wir ihr ja alle sicherlich bemerkt habt, war ich einfach sprachlos. Bei einer so professionell und heimlich organisierten Party ist mir wirklich nicht mehr viel eingefallen.

Die vergangenen Feste in unserem Kreis waren ja schon immer toll. Aber ich glaube, an diesem Abend habt ihr euch wirklich selbst übertroffen.

Was mir immer noch wie ein Wunder erscheint, ist, wie ihr das Büfett, die Musik- und Zapfanlage sowie die ganze Dekoration innerhalb der kurzen Zeit in meine Wohnung bekommen habt.

Also noch einmal: Ich habe mich wirklich riesig gefreut. An euch alle: Vielen, vielen Dank!

Euer

Walter

Danke für einen schönen Abend

Liebe Manuela,

das war ein wirklich schöner und denkwürdiger Abend bei dir. Vielleicht kam er dir ganz „normal" vor, schließlich haben wir gar nichts Besonderes unternommen.

Für mich aber war unser Gespräch über meine Beziehung mit Heinz eine Gelegenheit, einmal von jemand anderem die Meinung gesagt zu bekommen. Wie recht du in vielen Punkten hast …

Ich hoffe, du bist mir nicht böse, dass ich dich als Gesprächspartnerin und Ratgeberin mit meinem Frust und meinen Sorgen missbraucht habe.

Du warst mir damit gestern Abend wirklich eine große Hilfe.

Es wäre schön, wenn wir in der nächsten Zeit noch einmal einen gemeinsamen Abend verbringen könnten, an dem wir über die schönen Seiten des Lebens sprechen können und du mir deinen Traum von einem eigenen Hotel und wie du ihn verwirklichen willst, in allen Einzelheiten schilderst.

Noch einmal: danke!

Deine

Gabriele

Einladungen

Zu sehr vielen Gelegenheiten, beispielsweise zum Geburtstag oder zur Gartenparty, können Sie selbstverständlich telefonisch sowie persönlich einladen. Andere Veranstaltungen erfordern eine schriftliche Einladung wie zum Beispiel Firmenjubiläen und Hochzeiten.
Doch was auch immer es zu feiern gibt, Geburtstag oder Firmenjubiläum, die schriftliche Einladung bringt Klarheit und vermeidet Missverständnisse; denn dem Gast liegen Termin, Ort und Zeit schwarz auf weiß vor. Was Sie darüber hinaus noch in Ihrer Einladung unterbringen können oder sollten, erfahren Sie später in diesem Kapitel.
Nicht nur für den Gast ist die schriftliche Einladung von Vorteil. Auch für Sie, als Gastgeberin/Gastgeber ist sie, abgesehen davon, dass das Verfassen einer schriftlichen Einladung ein wenig Arbeit bereitet, eine Erleichterung. Wenn Sie in Ihrem Schreiben darum bitten, dass die Gäste zu- oder absagen, können Sie wesentlich besser planen und wissen, wie viel an Speisen und Getränken Sie in etwa vorbereiten müssen. Ohne jegliche Resonanz der Gäste ist eine ordentliche Vorbereitung und Kalkulation recht schwierig und je nach Größe der Veranstaltung geradezu unmöglich.

Auf diese Fragen sollte Ihre Einladung Antworten liefern:

- Warum? – Anlass, zum Beispiel Geburtstag oder einfach nur, um Freunde zu treffen
- Wann? – Datum, Uhrzeit
- Wo? – Ort, zum Beispiel Garten, dazu die Adresse
- Wie? – Welche Kleidung ist angebracht?

Bei auswärtigen Gästen:

- Ist für Unterbringung gesorgt – wer zahlt?
- Bis wann sollte die Antwort eintreffen?

Versenden Sie Ihre Einladungen so früh wie möglich, damit Ihre Gäste nicht schon verplant sind und Sie umdisponieren müssen. Private Einladungen sollten nicht später als zwei Wochen vor dem Termin den Empfänger erreichen. Geschäftliche Veranstaltungen sollten Sie mindestens sechs Wochen vorher avisieren.

Private Einladung zur Cocktailparty

Es muss nicht immer einen konkreten Anlass für eine Feier geben. Der Wunsch, einen Abend mit Freunden zu verbringen, reicht schon aus. Aber wenn Sie eine Cocktailparty planen, für die Zutaten eingekauft werden müssen und deren Vorbereitung etwas Mühe bereitet, sollten Sie sich entscheiden, schriftlich einzuladen.

Piña Colada, Singapore Sling,
Mai Tai und Tequilla Sunrise

Liebe Renate,
lieber Heinz,

seit zwei Wochen sind wir nun aus unserem Sommerurlaub zurück. Und die zahlreichen tollen karibischen Cocktails sind unvergessen.

Damit ihr an unseren „Erfahrungen" teilhaben könnt, laden wir euch herzlich zu unserer Cocktailparty am Samstag, den 3. Juni ab 19:30 Uhr ein.

Wir haben uns mit ausreichenden Original-Zutaten eingedeckt, die nur darauf warten, zu den tollsten Cocktails verarbeitet zu werden. Damit ihr schon erahnen könnt, was euch erwartet, hier das Rezept eines der vielen Cocktails, die wir mit euch genießen wollen:

Mai Tai
1 Zitrone
2 cl brauner Rum (70 %)
6 cl weißer Rum
4 cl Rose's Lime Juice
6 Eiswürfel

Es ist unwahrscheinlich, dass ihr nach der Party noch fahrtüchtig seid. Deshalb richten wir für euch das Gästezimmer her. Wenn ihr kommen könntet, würden wir uns sehr freuen. Gebt uns deshalb bitte bis zum 25. Mai kurz Bescheid, ob ihr am 3. Juni Zeit habt.

Viele liebe Grüße und hoffentlich bis bald

Anja und Thorsten

Einladung zur betrieblichen Weihnachtsfeier

Weihnachtsfeier auf dem Boden und mit Stäbchen

Liebe Mitarbeiterinnen und Mitarbeiter,

die vergangenen Wochen gehörten sicherlich zu den anstrengendsten und schwierigsten, die wir in diesem Jahr zu bewältigen hatten. Ich bedanke mich bei wirklich allen für den tollen Einsatz und die zahlreichen Überstunden. Vielen Dank!

Ihr Einsatz ist aber nicht nur ein „Danke" wert. Und deshalb möchte ich die gesamte Belegschaft zu einem schönen Essen in entspannter Atmosphäre einladen. Sie alle wissen, dass ich ein großer Bewunderer der Asiatischen Kultur und Küche bin. Ich bin mir fast sicher, dass ein Großteil von Ihnen bisher noch nicht japanisch gegessen hat. Und deshalb wird unsere diesjährige Weihnachtsfeier einmal völlig anders werden.

Ich habe für unsere Weihnachtsfeier am 12. Dezember in einem der besten japanischen Restaurants in Düsseldorf einen Raum reserviert. Damit Sie auch Sake und Reiswein genießen können, wird es einen Bus geben, der alle zum Restaurant und Sie anschließend sicher nach Hause bringen wird.

Bringen Sie gute Laune und viel Appetit mit.

Mit freundlichen Grüßen

Dr. Joachim Schneider

PS: Natürlich hat Japan mehr als Essen und Trinken zu bieten.
Aber was, das wird noch nicht verraten.

Einladung zur Mitgliederversammlung eines Vereins

Unsere jährliche Mitgliederversammlung braucht Sie!

Sehr geehrter Herr Kornbrecher,

unsere diesjährigen Mitgliederversammlung findet am 24. August … um 19:00 Uhr im Versammlungssaal der Gaststätte „Am Torbogen" statt.

Die Tagesordnungspunkte für die Jahreshauptversammlung sind:

- Jahresbericht des Rechnungsprüfers
- Entlastung des Vorstands
- Wahl des neuen Vorstands
- Genehmigung des Haushaltsplanes für das Jahr…
- Aufnahme neuer Mitglieder
- Sonstiges

Neben den Tagesordnungspunkten möchte der Vorstand mit allen Mitgliedern über die Zukunft des Vereins und die Planungen für die Jugendarbeit diskutieren.

Mit freundlichen Grüßen

Paritätischer Wohlfahrtsverband Bremen e.V.

Werner Steglitz

Vorstandssprecher

PS: Sollten Sie verhindert sein, können Sie natürlich Ihre Anregungen und Vorschläge auch per Post an mich senden.

Einladung einer Galerie zu einer Vernissage während einer Messe

Sehr geehrte Frau Dr. Gethmann,

wie schon in den letzten fünf Jahren stellen wir auch in diesem Jahr wieder auf der „art multiple“ in Düsseldorf aus. Ein besonderer Höhepunkt wird diesmal sicherlich der Vortrag von Herrn Professor Thalbach am 24. Oktober um 10:00 Uhr sein, der uns einen kurzen Überblick über die Entwicklung der „Neuen Kreativen“ gibt.

Bei dem anschließenden Sektempfang stehen Ihnen Herr Professor Thalbach und die bei uns ausstellenden Künstler zu Gesprächen sicherlich gern zur Verfügung.

Diese persönliche Einladung gilt natürlich für Sie und Ihren Partner und ist auf Grund des exklusiven Gästekreises nicht übertragbar.

Wir freuen uns schon heute auf Ihren Besuch.

Mit freundlichen Grüßen aus Düsseldorf

Galerie Schönfeld

Gert Schönfeld

PS: Als besonderes Dankeschön für Ihren Besuch auf unserem Messestand haben wir für Sie ein persönliches Exemplar des Ausstellungskataloges mit Widmungen aller Künstler reserviert.

Einladung zu einer Geschäftseröffnung

Herzlich willkommen zur Geschäftseröffnung!

Sehr geehrte Frau Jonas,

ab dem 15. September... sind wir das neue Bäckereifachgeschäft in Ihrer Nähe. Durch unsere 90-jährige Back- und Konditoreierfahrung finden Sie in unserem neuen Geschäft in der Luisenstraße ein reichhaltiges Angebot an Kuchen und Backwaren.

Einen besonderen Schwerpunkt in unserem Angebot setzen wir auf den Einsatz von biologisch angebauten Getreideprodukten und einer großen Auswahl an Diabetikerprodukten.

Als besonderes Eröffnungsangebot erhalten Sie ab dem 15. September bis einschließlich 31. September zehn ofenfrische Brötchen zum Eröffnungspreis von nur 2 Euro.

Wir freuen uns darauf, Sie als Kundin zu begrüßen. Ihre Bäckerei – Konditorei Müller

Dirk Müller

Einladung zur Verlobungsfeier

Verliebt, verlobt und bald auch noch verheiratet?

Liebe Sabine,
lieber Peter,

wie ihr wisst, kennen Claudia und ich uns jetzt seit drei Jahren. Wir wussten beide sofort: Das ist der Partner fürs Leben!

Verliebt sind wir immer noch, aber am 24. Oktober werden wir uns verloben. Dieses freudige Ereignis wollen wir gemeinsam mit euch feiern.

Wir würden uns freuen, wenn ihr Samstag, den 23. November ab 19:30 Uhr Zeit habt, um mit uns und anderen Gästen in unserer Wohnung ein kleines Büfett zu eröffnen und zahlreiche „Schmankerl" zu verzehren.

Bitte sendet uns eure Zusage bis zum 10. November zu. Schließlich soll genug zu essen und zu trinken da sein, damit wir bis in die frühen Morgenstunden feiern können.

Wir freuen uns auf euch und sagen: bis bald

Claudia und Daniel

Empfehlungsschreiben

Sie hatten schon einmal einen Babysitter engagiert, mit dem Sie zufrieden waren? Oder Ihre Putzfrau oder Haushälterin hat alles ordentlich erledigt? Dann tun Sie diesen Damen oder Herren sicher einen Gefallen, wenn Sie ihnen ein Empfehlungsschreiben mit auf den Weg geben, dass sie bei anderen Arbeitgebern vorlegen können.
Was in Ihr Empfehlungsschreiben gehört und wie es aussehen kann, lesen Sie auf den nächsten Seiten.

Empfehlungsschreiben für eine Putzfrau

Empfehlungsschreiben

Jessica Gehrenberg ist seit dem 1. Juli 2003 in unserem Haushalt als Putzfrau tätig.

Frau Gehrenberg hat immer zu unserer vollsten Zufriedenheit gearbeitet. Sie war immer pünktlich, ordentlich und vertrauenswürdig.

Frau Gehrenberg hat unsere Wohnung tadellos in Ordnung gehalten und auch unsere gesamte Wäsche gebügelt.

Weil wir mit ihr überaus zufrieden waren, haben wir ihr auch gelegentlich unsere Kinder Martin und Juliane in Obhut gegeben.

Da wir umziehen, müssen wir demnächst leider auf Frau Gehrenberg verzichten. Wir danken ihr für ihren unermüdlichen Einsatz in unserem Haushalt und wünschen ihr alles Gute.

Rheinbach, 23. Januar…

Ernst Lauterbach Renate Lauterbach

Empfehlungsschreiben für eine Haushälterin

Empfehlungsschreiben

Johanna Dahlken ist seit über sechs Jahren in unserem Haus als Tagesmutter und Haushälterin tätig. In dieser Zeit hat sie sich als unentbehrliche Stütze unseres Haushalts und als liebevolle Tagesmutter erwiesen.

Wir schätzen Frau Dahlken auf Grund ihrer Zuverlässigkeit und Treue sowie ihres immer freundlichen und geduldigen Wesens. Durch ihre Arbeit hat sie schon nach kurzer Zeit unser uneingeschränktes Vertrauen erworben.

Wir können Frau Dahlken uneingeschränkt als Haushaltshilfe empfehlen und bedauern es sehr, dass wir sie durch unseren Umzug verlieren.

Wir danken Frau Dahlken für ihren Einsatz in den vergangenen Jahren und wünschen ihr für die Zukunft alles Gute.

München, 15. Januar …

Anselm von Brockhoff Luise von Brockhoff

Empfehlungsschreiben für einen Babysitter

Empfehlungsschreiben

Katrin Bratsch hat unseren Sohn Julius in den letzten vier Jahren regelmäßig zwei- bis dreimal pro Woche beaufsichtigt. Sie hat während dieser Zeit unser vollstes Vertrauen genossen und uns nie enttäuscht.

Katrin Bratsch verstand es, unserem Sohn, wann immer wir abwesend waren, eine zweite Mutter zu sein. Sie ist eine sehr kinderliebe junge Frau. Nie hatten wir ein ungutes Gefühl, unseren Sohn mit unserer Babysitterin Katrin allein zu lassen.

Katrin Bratsch liebt nicht nur Kinder, sondern sie ist auch bestens vertraut mit den praktischen Aufgaben wie Wickeln, Füttern und Baden.

Da sie umzieht, verlieren wir eine sehr zuverlässige Babysitterin. Wir werden sie aber nicht nur in Ihrer Funktion als „Aufpasserin“ für unseren Sohn sehr vermissen, sondern auch als freundlichen Menschen.

Rietberg, 17. Februar…

Christian Richter Sabine Richter

Entschuldigungen

Vielleicht fragen Sie sich jetzt: Ist es nicht ein wenig übertrieben, sich per Brief zu entschuldigen? Schließlich ist es schon schwer genug, Entschuldigung zu sagen, und dann auch noch schriftlich?
Es gibt immer wieder Situationen, in denen eine schriftliche Entschuldigung einfach angebrachter ist als ein beiläufiges „tut mir Leid". Wenn Sie es schaffen, ehrliche Entschuldigungsbriefe zu formulieren, helfen diese Ihnen nicht nur, um Verzeihung zu bitten, sondern möglicherweise hinterlassen Sie damit einen so tiefen Eindruck, dass Sie sich Freunde oder Kunden fürs Leben schaffen.
Denn häufig versuchen wir, Fehler zu vertuschen oder herunterzuspielen. Und ein „es tut mir Leid" ist sehr selten geworden. Umso schöner und beeindruckender ist es, wenn Sie es schaffen, offen und ehrlich ein Fehlverhalten einzugestehen.
Im Geschäftsleben sind Entschuldigungsbriefe – auch Beschwerdemanagement genannt – Ihre Chance, unzufriedene Kunden zu treuen, zufriedenen Kunden zu machen. Viele Unternehmen machen heute immer noch den Fehler und nehmen die Beschwerden ihrer Kunden nicht ernst. Machen Sie es anders. Verstehen Sie das negative Feed-back Ihrer Kunden als Ihre Chance, sich zu verbessern, und nutzen Sie die Möglichkeit, durch einfühlsame Entschuldigungsbriefe Ihre Kunden zu binden.

Ein verspäteter Ostergruß

Liebe Omi, lieber Opa,

ihr wundert euch bestimmt, dass ich euch so spät noch herzliche Ostergrüße schicke, aber leider habe ich mir mein Bein gebrochen und war für einen ganzen Monat außer Gefecht gesetzt. Der Sturz von der Treppe war gar nicht so schlimm. Aber mit dem Gips und den Krücken waren schon die einfachsten Arbeiten sehr mühsam und ließen sich nur sehr langsam bewältigen.

Und wenn etwas Übles passiert, dann ist es ja bekanntlich so, dass gleich das nächste Unheil ansteht. Durch die starken Regenfälle und das Hochwasser hatten wir dann auch noch einen Keller voller Wasser, was mir fast den letzten Nerv geraubt hätte. So ist dann das Osterfest bei uns buchstäblich fast ins Wasser gefallen.

Nachdem ich nun aber meinen Gips los bin und den Haushalt endlich wieder innerhalb der normalen Zeit erledigen kann, habe ich auch wieder Zeit für meine gesamten Freunde und Verwandten gefunden. Zurzeit muss ich noch eine Menge Arbeit nachholen. Ich bin mir sicher, dass ich Ende nächsten Monats Zeit finde, um euch mal wieder zu besuchen. Ich werde euch dann auch ein paar Bilder vom Rest der Familie, meinem Gipsbein und dem Keller mitbringen.

Bis dahin viele Grüße

euer

Roland

Verspätete Geburtstagsgrüße

Lieber Heinz,

mein Alter scheint sich doch schon bemerkbar zu machen; habe ich nun tatsächlich deinen Geburtstag vergessen! Erst durch deine Einladung heute in der Post ist er mir siedend heiß wieder eingefallen. Entschuldige vielmals und lass dir trotzdem von mir herzlich zu deinem Geburtstag gratulieren.

Zu deiner Geburtstagsfeier komme ich wirklich sehr gern, auch wenn ich deine Einladung gar nicht mehr verdient hätte. Du kannst dich aber jetzt schon auf ein ganz besonders schönes Geburtstagsgeschenk freuen.

Viele nachträgliche Geburtstagsgrüße sendet dir

dein (vergesslicher) Freund

Johannes

Entschuldigungsbrief an einen Freund wegen einer Überreaktion

ENTSCHULDIGUNG!

Lieber Jörg,

mein Wutausbruch und meine schnelle Abreise am vergangenen Freitag waren wirklich fehl am Platz. Entschuldigung!

Nachdem mich Karola gestern angerufen hat, wurde mir schnell klar, dass es sich um ein großes Missverständnis gehandelt hat.

In der letzten Zeit hatte ich beruflich und privat sehr viel um die Ohren und leider ist nicht immer alles so gelaufen, wie ich es gern gehabt hätte. Deine Bemerkung über meine Arbeit vor den Gästen habe ich als Einmischung in meine Privatsphare betrachtet.

Leider wurde mir erst jetzt klar, dass ich schlichtweg überreagiert und dir damit deinen Abend ruiniert habe.

Nimm bitte meine Entschuldigung an, auch wenn ich weiß, dass du genügend Grund dazu hast, wütend auf mich zu sein.

Wenn ich die gröbste Arbeit vom Tisch habe, werde ich einmal abends mit einer Flasche Wein vorbeikommen, um persönlich mit dir zu sprechen.

Viele Grüße sendet dir

Volker

Entschuldigungsbrief an eine Freundin

Sorry, Sorry, Sorry!

Liebe Birgit,

deine Party hattest du ja schon vor mehr als zwei Monaten angekündigt. Bei dieser langfristigen Planung hätte eigentlich jeder kommen müssen. Anscheinend ist diese große Zeitspanne jedoch für mich einfach zu lang gewesen. Denn ich habe deinen Partytermin total vergessen. Erst heute, als mir Uli von dem tollen Abend bei dir berichtete, ist es mir wieder eingefallen.

Ich weiß gar nicht, was ich sagen soll – außer, dass es mir wirklich sehr Leid tut. Ich weiß auch nicht, wie ich mein unentschuldigtes Fehlen wieder gutmachen kann. Aber vielleicht hilft ja der kleine Blumenstrauß, den du morgen per Fleurop bekommen müsstest.

Noch einmal sorry und viele Grüße

deine

Martina

Entschuldigung an einen Freund wegen eines vergessenen Termins

Lieber Julian,

eigentlich müsste ich mich in Grund und Boden schämen. Habe ich doch tatsächlich unsere lang geplante Verabredung vergessen.

Wahrscheinlich bist du jetzt ziemlich wütend auf mich.

Es tut mir wirklich sehr Leid, denn du hast ja extra wegen mir zwei andere Termine verlegen müssen. Heute Morgen beim Frühstück fiel mir dann auf einmal siedend heiß ein. dass wir eine Verabredung hatten. Aber da war es ja leider schon zu spät. Lass mich versuchen, diese Panne mit einem guten Abendessen bei unserem Lieblingsitaliener wieder gutzumachen.

Viele liebe Grüße sendet dir

dein

Helmut

Antwort auf ein Beschwerdeschreiben

Ein Kunde beschwert sich bei Ihnen – macht Sie auf einen Fehler aufmerksam? Das ist Ihre Chance, einen unzufriedenen Kunden zu einem zufriedenen Kunden zu machen und ihn „zu retten". Schreiben Sie einen einfühlsamen Brief und – wenn möglich – entschädigen Sie den Kunden für seinen Ärger.

Wenn Sie Beschwerden ernst nehmen, werden Sie bald über einen großen und treuen Kundenstamm verfügen.

Ihr Anruf vom ... – falscher Preis?

Sehr geehrter Herr Dr. Rieffel,

natürlich haben wir bei der Wartung Ihres Wagens Marke BMW Z3 einen Original BMW-Ölfilter eingebaut. Dass dieses Original-Ersatzteil jedoch ... EUR kostet, ist natürlich ein Versehen. Richtig wäre der Preis von ... EUR gewesen.

Nachdem Sie uns den falschen Preis mitgeteilt hatten, haben wir unsere gesamte EDV auf den Kopf gestellt. Nach langem Suchen sind wir fündig geworden. In der Artikelnummer des Ölfilters ist ein Zahlendreher und deshalb wird der Preis eines teureren Ersatzteiles auf Ihrer Rechnung ausgewiesen.

Natürlich wird Ihnen in den nächsten Tagen eine neue, korrekte Rechnung zugesandt.

Bitte entschuldigen Sie unser Versehen. Als kleine Entschädigung erhalten Sie von uns vorab einen Gutschein über eine kostenlose Wagenwäsche.

Mit freundlichen Grüßen

BMW-Zentrum Rehberg & Partner

Ralf Rehberg

Entschuldigungsbrief eines Reisebüros

Sehr geehrte Frau Rentrop,

gestern erhielten wir Ihren Brief, in dem Sie uns Ihre unschönen Urlaubserfahrungen schilderten.

Zu unserem Bedauern müssen wir gestehen, dass wir für Sie tatsächlich ein Zwei-Sterne-Hotel gebucht haben und nicht, wie gewünscht und auch vereinbart, ein Vier-Sterne-Hotel. Durch Ihren sofortigen Hinweis schon am ersten Tag konnten wir Sie zum Glück schon nach der zweiten Nacht im Hotel „Miramare“ unterbringen.

Damit Sie sehen, dass Kundenzufriedenheit und Service nicht nur leere Worte in unserer Werbung sind, berechnen wir Ihnen für die Dauer Ihres Aufenthalts nur die Kosten eines Zwei-Sterne-Hotels, sodass Sie die Leistungen des erstklassigen Hotels „Miramare“ zu einem sehr günstigen Preis genießen konnten.

Wir hoffen, dass diese schnelle und unbürokratische Lösung in Ihrem Sinne ist und Sie auch nächstes Jahr wieder unseren Service in Anspruch nehmen.

Mit freundlichen Grüßen

Sonnenreisen GmbH

Gabi Richter

Antwort auf eine Reklamation

Zeigen Sie dem unzufriedenen Kunden, dass sich nicht irgendjemand im Unternehmen um das Problem kümmert, sondern dass sich eine Person verantwortlich fühlt, eine Lösung herbeizuführen.

Sehr geehrter Herr Leifert,

bei Ihrem Auftrag ist nicht alles so glatt gelaufen, wie Sie es sich sicherlich gewünscht haben und wie es normalerweise dem Standard unseres Hauses entspricht.

Ich, als Ihre Kundenberaterin, kümmere mich persönlich darum, dass Ihre Reklamation so schnell wie möglich behoben wird und Sie Ihre Möbel bald voll und ganz genießen können. Für den Fall, dass wir Teile bei unserem Vorlieferanten bestellen müssen, rufe ich Sie sofort an, wenn diese eingetroffen sind, damit wir einen kurzfristigen Kundendiensttermin vereinbaren können.

Gern können Sie mich auch unter der Telefonnummer … anrufen, wenn Sie Fragen oder Wünsche haben.

Mit freundlichen Grüßen
aus München

Möbel Reinert

Gabriele Meyer
Kundenservice

PS: Wir wollen nicht nur Möbel verkaufen. Nur wenn Sie zufrieden sind, waren wir erfolgreich.

Entschuldigungsbrief eines Vorgesetzten an seinen Mitarbeiter

Auch Vorgesetzte machen Fehler. Als Führungskraft sollten Sie die menschliche Größe besitzen, diese auch zuzugeben. Schlechtes Betriebsklima, aggressives, unangemessenes Verhalten Mitarbeitern gegenüber gehört in vielen Firmen zur Tagesordnung. Doch so ruinieren Sie die Motivation Ihrer Mitarbeiter – Sie vergraulen Ihr stärkstes Potential. Ihre Mitarbeiterinnen und Mitarbeiter sollten wissen, dass Sie sie schätzen. Sagen Sie „Entschuldigung", wenn Sie sich gegenüber anderen Personen in Ihrem Unternehmen nicht einwandfrei verhalten haben.

Sehr geehrter Herr Arnold,

leider ist die gestrige Außendienst-Besprechung nicht so gelaufen, wie es sich für den Stil in unserem Unternehmen gehört. Es tut mir Leid, dass ich Sie vor allen Außendienst-Mitarbeitern nicht Ihrer Leistung entsprechend behandelt habe.

Korrekt wäre gewesen, wenn ich Ihnen den Fehler mit der falschen Preiskalkulation unter vier Augen mitgeteilt hätte. Meine Kritik ist dem Grunde nach berechtigt, jedoch ist die Form und der Zeitpunkt von mir nicht richtig gewählt worden. Durch die gestrige Eile und den Zeitdruck habe ich leider vergessen, wie wichtig konstruktive Kritik für den Erfolg unseres Unternehmens ist.

Trotz dieses Vorfalls möchte ich, dass Sie wissen, dass ich Sie und Ihre Leistungen als einen unserer besten Außendienst-Mitarbeiter sehr schätze.

In diesem Sinne und mit freundlichen Grüßen

Dr. Jens Leitz

Geschäftsführer

PS: Damit es zu keinen Missverständnissen kommt, habe ich Ihren Kollegen eine Kopie dieses Briefes zur Information zukommen lassen.

Entschuldigung an einen Vorgesetzten

Was für Vorgesetzte gilt, gilt für Mitarbeiter schon lange. Jeder sollte in der Lage sein, sich zu entschuldigen – auch wenn's schwer fällt. Nur so stellen Sie sicher, dass kein „fader Nachgeschmack" erhalten bleibt, der das Verhältnis zu Ihrem Vorgesetzten nachhaltig trübt.

Sehr geehrter Herr Wippler,

ich möchte mich mit diesem Brief bei Ihnen für mein unangebrachtes und unsachliches Verhalten während unserer gestrigen Besprechung entschuldigen.

Zu meiner Entlastung kann ich nur vorbringen, dass der Tag schon mit einem Ausrutscher vor der Haustür begann. Vor der Besprechung musste ich dann noch fünf sehr unzufriedenen und gereizten Kunden bei Problemen mit unseren neuen Maschinen helfen. Diese Pannenserie mit unseren neuen Geräten hat mich derart in Rage versetzt, dass ich völlig gereizt und aufgebracht in die Besprechung gegangen bin.

Ich werde in Zukunft darauf achten, dass etwas Derartiges nicht wieder vorkommt. Außerdem werde ich mich in der nächsten Besprechung noch einmal vor allen Anwesenden für mein Verhalten entschuldigen.

Mit freundlichen Grüßen

Werner Naburtovitz

Briefe zu Geburt & Taufe

Die Geburt eines Kindes und die Taufe sind zweifellos herausragende Ereignisse im Leben einer Familie.

In der Regel nehmen Bekannte, Freunde, Kollegen und Verwandte regen Anteil an der Geburt eines Kindes. Alle möchten wissen, wie es der Mutter geht und ob das Baby wohlauf ist.

Teilen Sie ihr Glück und ihren Stolz über die Geburt ihres Kindes. Unsere Musterbriefe zeigen Ihnen, was Sie alles über das kleine Erdenkind schreiben können.

Wenn Sie zu den Menschen gehören, die sich mit den Eltern über die Geburt freuen, bringen Sie Ihre Freude zum Ausdruck. Es ist nicht nötig, lange und hochintelligente Abhandlungen zu verfassen. Sagen Sie das, was Sie denken, und freuen Sie sich mit den stolzen Eltern. Wie Sie Ihren Brief formulieren können, dazu erhalten Sie in diesem Kapitel einige Vorschläge.

Glückwünsche an die Freundin zur Geburt einer Tochter

Super!!!!!!!!!!!!!!!!!!!

Liebe Britta,

herzlichen Glückwunsch zur Geburt deiner Tochter.

Dein Leben wird sich ganz schön ändern, aber wie ich dich kenne, wirst du deine alten Freunde auf keinen Fall vergessen. Ich bin also schon jetzt auf den ersten „Termin" mit dir und deiner Tochter gespannt.

Wenn du aber schon vorher Zeit und Lust auf ein bisschen Unterhaltung oder Abwechslung hast, dann ruf einfach an. Alles Liebe sendet dir

deine

Susanne

Brief zur Geburt eines Kindes an Bekannte, Freunde und Verwandte

Mit diesem Brief geben die Eltern nicht nur die Geburt ihres Kindes bekannt, sondern sie laden gleichzeitig zu einer kleinen Party ein.

Ein Mädchen!

Liebe Manuela, lieber Gert,

wir wollten es ja vorher nicht wissen, aber nun ist es heraus: ein Mädchen! Gestern Abend um 17:35 Uhr wurde unsere 2350 Gramm schwere Lisa geboren.

Wir werden nun unsere eigenen Erfahrungen machen, was es heißt, nachts aufstehen zu müssen und die Windeln zu wechseln, die Flasche zu geben und so weiter.

In den nächsten Tagen werden wir sicher damit beschäftigt sein, unser neues Leben ein wenig zu ordnen.

Ab Samstag freuen wir uns jedoch wieder über Besuch in unserem Haus. Wir versprechen euch auch, dass unsere Gesprächsthemen nicht nur Pampers und Babynahrung sein werden.

Wenn ihr also Lust habt, vorbeizukommen und unser Mädchen kennenzulernen, dann los!

Viele liebe Grüße von

Jutta und Horst

PS: Habt ihr vielleicht noch den alten Kindersitz für das Auto von eurem Malte auf dem Dachboden? Wir wären dankbare Abnehmer.

Brief der Eltern an die Großeltern

Unsere kleine Süße

Liebe Eltern,

eigentlich sollte ich sagen: „Liebe Großmutter und lieber Großvater“.

Seit ich zwei Frauen im Haus habe, hat sich mein Leben völlig geändert. Ich kann nun nachts nicht mehr durchschlafen, aber es macht mir nichts aus. Auch dass ich nicht mehr die hundertprozentige Aufmerksamkeit meiner Frau genieße, ist nicht so schlimm. Sogar mit dem Motorradfahren habe ich aufgehört. Vielleicht ist es einfach doch zu gefährlich.

Ihr wisst ja, dass ich es nie so richtig verstehen konnte, dass Eltern immer nur von ihren Kindern erzählen. Jetzt hat es mich auch erwischt. Wenn ihr unsere Clara erleben könntet, ihr wüsstet warum.

Damit ihr nicht so lange warten müsst, bis ihr unsere Kleine sehen könnt, habe ich euch ein erstes Foto beigelegt.

Viele Grüße von uns Dreien sendet euch euer Sohn

Christoph

Brief an die Kollegen

2 zu 1 – Ich habe mein Stimmrecht verloren

Liebe Kolleginnen und Kollegen,

gestern Abend um 17:35 Uhr wurde unsere 2.350 Gramm schwere Lisa geboren. Wenn ich in den nächsten Tagen etwas müde wirken sollte, dann bitte ich euch um Nachsicht.

Schon in der ersten Nacht musste ich feststellen, dass meine Tochter später sicherlich einmal eine Nachteule werden wird. Sie scheint pro Nacht zweimal Durst zu bekommen und hätte dann auch gerne noch eine neue Windel.

Ich hoffe nicht, dass ich nächste Woche mit Ringen unter den Augen in die Firma kommen werde.

Wenn ich aber nächste Woche wieder arbeite, bitte ich euch in der Mittagspause in mein Büro. Schließlich muss man doch mit seinen Kollegen, die mit mir diesem großen Tag entgegengefiebert haben, feiern.

Es grüßt euch als stolzer Vater

Horst Benteler

PS: Ich hoffe, mein Schreibtisch ist leer, wenn ich wiederkomme.

Glückwünsche zur Taufe

Herzlichen Glückwunsch

Liebe Familie Benteler,

zur Taufe Ihres Sohnes Florian senden wir Ihnen unsere herzlichsten Glückwünsche.

Wir hoffen, dass die Feier harmonisch verlaufen ist und dass Ihr Sohn nicht, wie es unsere Tochter damals tat, die ganze Zeremonie über geschrien hat...

Wir wünschen dem kleinen Erdenbürger alles Gute für seinen weiteren Lebensweg.

Mit freundlichen Grüßen

Annegret und Hartmut Bensheim

Zusage zu einer Einladung zur Taufe

Sehr geehrte Familie Westermann,

wir danken für die Einladung zur Taufe Ihrer Zwillingsmädchen und sind froh, an diesem besonderen Ereignis teilnehmen zu dürfen.

Auch wir sind inzwischen Eltern eines gesunden Mädchens geworden, das wir Julia genannt haben. Glücklicherweise ist Julias Taufe erst eine Woche später, sodass uns nichts daran hindern kann, bei der Zwillingstaufe dabei zu sein.

Jetzt müssen wir nur noch einen geduldigen Babysitter ausfindig machen …

Wir würden uns sehr freuen, wenn Sie auch bei Julias Taufe dabei sind, die am Sonntag, den … um 9.30 Uhr in der Kreuzkirche in Plattdorf stattfindet. Bis dahin wünschen wir Ihnen alles Gute und keine schlaflosen Nächte.

Mit freundlichen Grüßen

Wolfgang und Ute Brinkhaus

Einladung zu einer Taufe

Lieber Mike,

ganz herzlich möchten wir dich zur Taufe unserer kleinen Martina einladen.

Die kirchliche Feier findet am Sonntag, dem 10. Mai ...,

10:00 Uhr in der Josefskirche in Warburg statt.

Anschließend laden wir alle Gäste zu einem großen Büfett in den Gasthof „Die alte Post" ein. Den feierlichen Tag werden wir mit dem abschließenden Kaffeetrinken bei uns zu Hause ausklingen lassen. Es wäre schön, wenn du, lieber Heinz, ein großes Blech von deinem berühmten Apfelkuchen für uns backen könntest.

Gib uns bitte Bescheid, ob und wann du kommst. Wir freuen uns auf deinen Besuch.

Viele Grüße

Andrea und Thorsten

Danksagung nach einer Taufe

Liebe Familie Brühl,

ganz herzlichen Dank für den geschmackvollen Strampelanzug, den Sie unserem Jörg zu seiner Taufe geschenkt haben. Jörg wird sich sicher darin sehr wohl fühlen.

Da die Fotos der Taufe noch nicht entwickelt sind, haben wir Ihnen ein Foto von Jörg dazu gelegt, auf dem er gerade einmal 12 Stunden alt war.

Wenn Sie die Fotos der Taufe und den kleinen Jörg gerne sehen oder Abzüge haben möchten, wäre es schön, wenn Sie am übernächsten Wochenende zum Kaffeetrinken vorbeikommen würden.

Sie sind herzlich eingeladen!

Viele Grüße

Ihre Familie Petersen

Glückwünsche an den „frisch gebackenen" Vater

Herzlichen Glückwunsch

Lieber Andreas,

nun habt ihr eure eigene kleine Familie. Herzlichen Glückwunsch!

Ich kann mich noch gut daran erinnern, wie du vor einem Jahr über die Väter gelästert hast, die abends pünktlich nach Hause wollten, um dem kleinen Nachwuchs noch eine Gute-Nacht-Geschichte vorzulesen. Du sagtest, dass dir so etwas nie passieren würde. Ich denke, wir sollten erst einmal abwarten, wie das bei dir aussehen wird.

Ich hoffe, dass dich deine kleine Tochter nicht davon abhalten wird, deine alten Freunde zu besuchen und auch abends ab und zu mal mit ihnen auszugehen.

Vielleicht stellst du uns ja auch deine kleine Lea einmal vor. Bis zu deinem nächsten „freien" Abend wünsche ich dir alles Gute und viele Vaterfreuden.

Dein

Rolf

Geburtstagsbriefe

Geburtstage sind eine gute Gelegenheit, sich bei Verwandten und Freunden zu melden. Neben dem üblichen Telefonanruf ist es besonders schön, wenn das Geburtstagskind einen handgeschriebenen Glückwunschbrief erhält. So ein Brief kann noch nach Jahren wieder hervorgeholt und gelesen werden.

Geburtstagsbrief der Tochter an ihre 75-jährige Mutter

Liebe Mutter,

du erreichst heute ein wirklich stolzes Alter! Herzlichen Glückwunsch zu deinem 75. Geburtstag – und die allerbesten Wünsche nicht nur von mir, sondern auch von Werner und den Kindern.

Wir sind froh, dass wir diesen Tag mit dir feiern können. 75 Jahre alt zu werden, das ist keine Selbstverständlichkeit mehr. Du hast in deinem Leben viel erlebt – nicht immer war es einfach. Du hast mir und auch Gisela und Heinz aber immer das Gefühl gegeben, dass, so lange du bei uns bist, uns nichts passieren kann. Vielen Dank, dass du immer für uns da warst und noch immer da bist.

Liebe Mutter, dein Geburtstag soll ein besonders schöner Tag werden – lass dich einfach von uns verwöhnen.

Alles Liebe

deine

Maria

Geburtstagsbrief des Sohnes an seinen 65-jährigen Vater

Lieber Vater,

wenn man etwas wirklich will, hast du einmal gesagt, dann schafft man es auch! Daran muss ich oft denken – vor allem, wenn mal etwas nicht so läuft, wie ich es mir vorgestellt habe.

Du hast dich dein ganzes Leben nach diesem Motto gerichtet – und du hast wirklich alles geschafft, was du dir vorgenommen hattest. Heute lebst du mit Mama in einem wunderschönen Haus – und endlich hast du auch mehr Zeit, in deinen geliebten Garten zu gehen.

Damit du dein nächstes größeres Gartenprojekt „Fischteich" schon bald in Angriff nehmen kannst, habe ich für dich ein Buch ausfindig gemacht, in dem die verschiedenen Gestaltungsmöglichkeiten, der Bestand und die Pflege eines Teiches ausführlich beschrieben werden.

Ich hoffe sehr, dass ich damit das Richtige getroffen habe und du, wenn ich euch das nächste Mal besuche, bereits den ersten Spatenstich getan hast.

Herzlichen Glückwunsch und alles Gute zum Geburtstag!

Dein

Jürgen

Geburtstagsbrief eines Sohnes, der zum Geburtstag seines Vaters nicht anreisen kann

Lieber Papa,

womit soll ich beginnen? Mit einer Entschuldigung oder mit einem Glückwunsch? Ich entscheide mich für den Glückwunsch:

Alles Gute zu deinem 49. Geburtstag!

Ich wünsche dir, dass du an deinem Geburtstag
- hoffentlich nicht zu viel arbeiten musst,
- im Bett frühstücken kannst,
- viele Geschenke erhältst,
- mit deinen Freunden einen schönen Abend verbringst,
- das Geschenk magst, das ich ausgesucht habe und das Mama dir geben wird!

Papa, es tut mir wirklich leid, dass ich nicht zu deinem Geburtstag kommen kann – aber wir hatten ja schon vor ein paar Wochen darüber gesprochen, dass mir die Klausuren einen Strich durch die Rechnung machen. Aber im nächsten Jahr, wenn du Fünfzig wirst, müssen sich die Klausuren schon nach deinem Geburtstag richten!

Ich rufe euch nächste Woche einmal an, um zu hören, ob Mama dir wirklich das Frühstück ans Bett gebracht hat.

Viele Grüße

dein

Tobias

Geburtstagsbrief der Tochter an ihre Mutter I

Liebe Mutti,

zu deinem 50. Geburtstag alles, alles Gute von deiner „Kleinen".

Dein 50-ster ist für mich – die eigentlich nicht gern schreibt – Anlass genug, dir nicht nur persönlich zum Geburtstag zu gratulieren, sondern dir auch einmal ein paar Zeilen zu schreiben.

Wir sehen uns zwar relativ regelmäßig, aber manchmal habe ich das Gefühl, dass die Zeit dann doch nicht ausreicht, um all das zu sagen, was es zu sagen gibt und was schon längst einmal hätte gesagt werden müssen. Irgendwie sind die Umstände auch selten so, dass wir in der Stimmung sind, uns in tiefe Gespräche zu vergraben.

Ich glaube, dass ich dir noch nie gesagt habe, wie stolz ich auf dich bin: wie du dein Leben meisterst, wie fantastisch du aussiehst und wie sehr du für uns – deine Kinder – immer da warst, obwohl wir es dir sicher nicht immer einfach gemacht haben.

Ich wünsche mir und dir: Bitte bleibe so, wie du bist, damit du weiterhin so viel Freude am Leben hast und ich noch ganz, ganz lange stolz auf dich sein kann.

Alles Liebe

deine

Barbara

Geburtstagsbrief der Tochter an ihre Mutter II

Liebe Mama,

alles, alles Liebe zu deinem 56. Geburtstag wünscht dir deine Tochter.

ich weiß ganz genau, dass die Zeit an deinem Geburtstag nicht ausreichen wird, um dir anlässlich deines Ehrentages all das zu sagen, was ich gern loswerden möchte. Denn den ganzen Tag über werden sich die Besucher bei dir die Türklinke in die Hand geben. Andere müssten schon einen „runden" Geburtstag zu feiern haben, bevor so viele Freunde und Bekannte zu Besuch kämen. Es ist schon toll, dass ihr, du und Papa so viele nette Freunde habt.

Wir haben uns länger nicht gesehen – so ist das mit Töchtern, die erwachsen werden – und ich würde mal gern wieder mit dir einfach zusammensitzen und ein bisschen erzählen. Vielleicht können wir auch einmal etwas gemeinsam unternehmen.

Bis das klappt – und ich verspreche, dass ich euch sehr bald wieder besuchen komme – wünsche ich dir alles Gute, dass dir deine Gesundheit erhalten bleibt und du noch lange die liebende und fürsorgliche Mama bleibst, die ich kenne.

Bis bald

und viel Spaß mit meinem Geschenk für dich

deine

Monika

Glückwünsche für die verschiedenen Sternzeichen: Geburtstagsbrief an einen Widder

Herzlichen Glückwunsch

Liebe Annika,

herzlichen Glückwunsch zu deinem 23. Geburtstag!

Nachdem ich lange darüber nachgedacht habe, wie ich dir zum Geburtstag gratulieren soll, habe ich auch einiges über dein Sternzeichen herausgefunden:

Es ist schon erstaunlich, wie Recht die Sterne haben:

- „Widder" können durch ihr impulsives Temperament schon einmal überreagieren.
- „Widder" lieben die Natur.
- „Widder" sind freiheitsliebend.
- „Widder" sind unkompliziert und offen.
- „Widder", die sich etwas in den Kopf gesetzt haben, sind nicht mehr davon abzubringen.

Und genau diese Mischung zeichnet dich als eine meiner besten Freundinnen aus und macht dich so liebenswert.

Ich wünsche dir zum Geburtstag alles Gute und für dein neues Lebensjahr die Erfüllung deiner Wünsche.

Ich hoffe, dass wir uns in den nächsten Wochen einmal wieder sehen und ich dir dein Geschenk persönlich überreichen kann.

Die liebsten und herzlichsten Grüße von deiner Freundin

Sabine

Geburtstagsbrief an einen Stier

Wie feiern eigentlich Stiere ihren Geburtstag?

Lieber Johannes,

herzlichen Glückwunsch zu deinem 32. „stierischen“ Geburtstag.

Wusstest du eigentlich, dass du ein typischer Stier bist?

In einem kleinen Buch aus meinem Bücherregal habe ich über Stiere Folgendes gelesen:

- „Stiere“ sind eine imposante Erscheinung, und wenn man sie nicht reizt, dann kommt jeder sehr gut mit ihnen aus.
- „Stiere“ tragen gerne Verantwortung.
- „Stiere“ sind gelassen und genießen das Leben in vollen Zügen.
- „Stiere“ zeichnet die Freude an der Natur und der Kunst aus.
- „Stiere“ essen gerne und sind gute Liebhaber.

Eine der wichtigsten Eigenschaften für mich, die ich selber zu spüren bekam, war jedoch, dass der „Stier“ ein guter und treuer Freund ist.

Ist es nicht erstaunlich, welche Wahrheiten über dich in diesem kleinen Buch standen?

Ich denke, ich habe nun genug Gutes über dich gesagt. Der Rest folgt auf deiner Geburtstagsfeier mit dem Geschenk, das hoffentlich einem Stier gebührt.

Bis dahin alles Gute und bleib, wie du bist.

Dein

Andy

Geburtstagsbrief an einen Zwilling

Hallo, Ihr beiden Geburtstagskinder!

Lieber Herr Büse,

wissen Sie eigentlich, was Ihr Horoskop über Ihr neues Lebensjahr sagt? Nein?!

Dann werden Sie die folgenden Informationen sicherlich besonders interessieren:

- Die nächsten 12 Monate werden nicht so anstrengend wie das letzte Jahr.
- Dieses Jahr werden Sie endlich einmal Zeit haben zum Ausruhen und Auftanken.
- Es wird ein harmonisches und erfolgreiches Jahr werden.
- Natürlich bergen die nächsten 12 Monate auch Überraschungen, bei denen Sie Ihre Flexibilität, die Zwillingen angeboren ist, unter Beweis stellen können.
- Natürlich wird Ihnen auch im kommenden Jahr Ihre Aufgeschlossenheit helfen, aus allem Neuen das Beste zu machen.

Im November erwartet Sie eine schwierige Entscheidung, in der Sie in Ruhe überlegen und entscheiden sollten.

Im Mai sollten Sie Ihr Privatleben durch einen Kurzurlaub oder andere Annehmlichkeiten wieder einmal intensiver genießen.

Wie Sie sehen, liegt ein erfolgreiches Jahr vor Ihnen – vorausgesetzt, Sie glauben an Horoskope.

Auf jeden Fall weiß ich auch eines, ohne in Ihre Sterne zu schauen: Sie werden Ihren heutigen Geburtstag feiern und genießen.

Herzliche Grüße und alles Gute für Ihr neues Lebensjahr

Ihr

Emilio Martinez

Geburtstagsbrief an einen Krebs

Herzlichen Glückwunsch

Lieber René,

zu deinem 33. Geburtstag die herzlichsten Glückwünsche und alles Gute für dein nächstes Lebensjahr.

Extra zu deinem Geburtstag habe ich einen Blick in die Sterne riskiert und festgestellt: Dein Horoskop verspricht ein interessantes und abwechslungsreiches neues Lebensjahr.

Du wirst im beruflichen Bereich beachtliche Fortschritte machen, ohne dich besonders anzustrengen. Der Höhepunkt in deinem neuen Lebensjahr wird der kommende August sein, in dem du ganz besondere berufliche Erfolge verzeichnen wirst.

Achten solltest du das ganze Jahr über auf deine Gesundheit, denn gerade der Krebs ist dafür bekannt, dass er Ärger in sich hineinfrisst und sich schnell ein Magenproblem zulegt. Deshalb lass den Ärger im nächsten Jahr einfach mal heraus, wenn dir danach ist.

Du siehst, die Sterne meinen es in deinem neuen Lebensjahr mit dir sehr gut. Ich fange schon einmal damit an und schicke dir zu deinem Geburtstag eine Kiste von deinem Lieblingswein, die dir in den nächsten Tagen zugehen müsste.

Für dein neues Lebensjahr alles Gute und: Schön, dass ich dich zu meinen Freunden zählen darf.

Dein

Lothar

Geburtstagsbrief an einen Löwen

Herzlichen Glückwunsch

Lieber Gert,

zu deinem Geburtstag wünsche ich dir alles Gute, Gesundheit und Glück.

Du bist im Sternzeichen des Löwen geboren. Und deshalb zeichnen dich die folgenden Eigenschaften aus, die ich nicht nur nachgelesen habe, sondern auch bei dir bestätigt finde:

- Begeisterungsfähigkeit,
- Großmut,
- Lebensbejahung,
- Optimismus,
- Zielstrebigkeit.

Weiterhin zeichnen dich als Löwen die persönliche Unabhängigkeit und dein großes Selbstvertrauen aus.

Zu deinem heutigen Geburtstag wünsche ich dir, dass du auch in den nächsten Jahren deine positiven Eigenschaften weiterhin so nutzt, wie du es bisher getan hast. Ich bin froh, einen starken Freund mit diesen löwenstarken Eigenschaften an meiner Seite zu haben.

In Freundschaft

deine

Alexandra

Geburtstagsbrief an eine Jungfrau

Herzlichen Glückwunsch

zu deinem heutigen Geburtstag, liebe Ursula, wünsche ich dir für das kommende Lebensjahr alles Gute, viel Glück und noch mehr Gesundheit.

Als Jungfrau-Geborene verfügst du über die folgenden Talente, die ich als Freundin besonders an dir schätze:

- Du hast die Entschlusskraft, die du für dein zielstrebiges Handeln gut gebrauchen kannst.
- Du bist pflichtbewusst und gründlich und bringst Ordnung in jedes Chaos.
- Du bist ständig auf der Suche nach neuem Wissen und ruhst dich nicht auf Erreichtem aus.
- Du stehst fest auf dem Boden der Realität
- und: Du weißt die angenehmen Seiten des Lebens auch wirklich zu genießen.

Ich wünsche dir von ganzem Herzen, dass dein heutiger Geburtstag all deine Freunde in deinem Haus zusammenkommen lässt und ihr gemeinsam wieder einmal eine deiner berühmten Feiern genießen könnt.

Ich freue mich auf ein baldiges Treffen und sage bis dahin noch einmal: Alles Gute!

Deine

Katharina

PS: Nur weil ich bisher nicht von einem Geschenk gesprochen habe, heißt das nicht, dass du keines bekommst.

Geburtstagsbrief an eine Waage

Herzlichen Glückwunsch zu deinem 32. Geburtstag

Liebe Tanja,

herzlichen Glückwunsch zu deinem Geburtstag im Sternzeichen der Waage.

Den Waagegeborenen eilt ja ein sehr guter Ruf voraus:

- Die Waage verfügt über ein ausgeprägtes Gerechtigkeitsempfinden.
- Die Waage strebt nach Harmonie.
- Die Waage versucht immer wieder aufs Neue durch diplomatisches Geschick Gegensätze auszugleichen.

Und ganz nebenbei verfügen Waagen noch über die folgenden tollen Eigenschaften:

- Idealismus,
- Kreativität,
- Charme,
- guten Geschmack.

Wenn ich mir diese ganze Latte von guten Eigenschaften noch einmal anschaue, treffen sie wirklich alle auf dich zu.

Für dein neues Lebensjahr wünsche ich dir Glück, Gesundheit und Erfolg. Und bleibe so, wie du bist.

Es grüßt dich dein Freund

Rüdiger

Geburtstagsbrief an einen Skorpion

Herzlichen Glückwunsch!

Liebe Beate,

mit meinem astrologischen Geburtstagsbrief wünsche ich dir für dein 33. Lebensjahr alles Gute, Gesundheit und viel Erfolg.

Dein Sternzeichen ist der Skorpion.

Dieses Sternzeichen zeichnen Optimismus, Willenskraft und Zielstrebigkeit aus.

Skorpione sind leidenschaftliche Menschen mit ausgeprägten Emotionen.

Gerade die Kombination dieser positiven Eigenschaften zeichnet dich aus und lässt dich eine Freundin sein, mit der man gerne zusammen ist und auch mit Freude gemeinsame Projekte verwirklicht.

Ich kann mir keine bessere Freundin vorstellen.

Ich freue mich auf deine Geburtstagsfeier am nächsten Wochenende.

Bis dahin viel Spaß und alles Gute!

Deine

Susanne

Geburtstagsbrief an einen Schützen

Herzlichen Glückwunsch!

Liebe optimistische, vielseitige, aufgeschlossene, fantasievolle und freiheitsliebende Linda,

zu deinem 37. Geburtstag wünsche ich dir alles Gute, viel Glück und vor allem Gesundheit.

In deine Anrede habe ich all deine tollen Charaktereigenschaften gepackt, die typisch für den Schützen sind. Denn du bist ein so klassischer „Schütze", dass ich das einfach mal sagen musste.

Nur deine Impulsivität macht dir oft das Leben schwer. Umso länger habe ich nach einem passenden Geburtstagsgeschenk gesucht, bei dem dir deine Impulsivität nur helfen kann. Du bekommst von mir einen Rhetorikkurs bei der Volkshochschule. Danach wirst du dich nie wieder bei mir beschweren, dass du schon wieder etwas gesagt hast, was du lieber nicht gesagt hättest...

Bis zu deiner Geburtstagsfeier am Samstag wünsche ich dir noch viel Spaß und bleib so, wie du bist.

Deine

Sinem

Geburtstagsbrief an einen Steinbock

Herzlichen Glückwunsch!

Lieber Georg,

zu deinem Geburtstag wünsche ich dir alles Gute, Glück, Gesundheit und viel Erfolg.

Du gehörst zu den typischen „Steinböcken“. Du bist Beständigkeit, Verlässlichkeit und Ehrgeiz in Person. Natürlich wollen wir auch deine Gewissenhaftigkeit und dein Organisationstalent nicht vergessen.

Privat hältst du dich bei neuen Freundschaften eher zurück. Doch wenn man mit dir einmal Freundschaft geschlossen hat, dann ist sie echt.

Dein 24. Geburtstag ist für mich endlich mal ein Anlass, dir für unsere Freundschaft und für das, was du alles schon für mich getan hast, herzlich zu danken.

Ich hoffe, dass unsere Freundschaft noch viele Jahre anhält.

Damit du deinen 24. Geburtstag nie mehr vergessen wirst, schenke ich dir diesen kleinen silbernen Bilderrahmen mit einem Bild von uns.

Viel Freude mit meinem kleinen Präsent!

Noch einmal alles Gute und viel Spaß an deinem heutigen Geburtstag.

Deine

Andrea

PS: Sollen wir am Wochenende mal wieder in die Burgschänke essen gehen?

Geburtstagsbrief an einen Wassermann

Herzlichen Glückwunsch!

Liebe Alexandra,

zu deinem Geburtstag wünsche ich dir alles Gute.

Zu diesem Anlass habe ich mir von einem Wahrsager dein astrologisches Kurzprofil erstellen lassen. Herausgekommen ist dabei Folgendes:

Typisches Markenzeichen des „Wassermanns“ ist seine Unabhängigkeit und Originalität.

Ganz nebenbei will der Wassermann immer alles zum Besseren wenden, und zwar nicht zu seinem eigenen Vorteil, sondern zum Wohl der Allgemeinheit.

Der Wassermann ist eines der Sternzeichen, die sich immer gerne mit anderen zusammentun und das Leben genießen. Damit du deinen Geburtstag gemäß deinen Sternen verbringst, haben wir für dich ab 19:30 Uhr eine kleine Feier in der Burgschänke bei Ignazio organisiert.

Zu deinem 37. Geburtstag im Sternzeichen des Wassermanns wünsche ich dir alles Gute.

Dein Sportkamerad

Andreas

PS: Wenn ich ganz ehrlich bin, hätte ich mir das Geld für das astrologische Kurzprofil sparen können. Musste ich doch feststellen, dass ich deine Eigenschaften schon vorher hundertprozentig kannte.

PPS: Glaube ja nicht, dass du heute Abend pünktlich nach Hause kommst…

Geburtstagsbrief an einen Fisch

Herzlichen Glückwunsch!

Liebe Grace,

zu deinem 28. Geburtstag wünsche ich dir alles Gute.

Dieses Jahr muss ich dir einfach mal sagen, dass du ein klassischer Fisch bist. Es ist erstaunlich, was ich über dich alles herausbekommen habe.

Fische sind:

- charmant,
- einfühlsam,
- gewissenhaft,
- gütig,
- hilfsbereit,
- mitfühlend,
- sanft,
- sensibel.
- Sie besitzen starke innere Kräfte und sind
- bescheiden,
- stets um Ausgleich bemüht,
- uneigennützig und
- verständnisvoll.

Diese Liste ließe sich mit Sicherheit noch um einiges fortsetzen, aber ich denke, du weißt, was ich sagen will.

Ich hoffe, du bleibst so, wie du bist, denn so mag ich dich.

Ich hoffe darüber hinaus, du hast heute einen besonders schönen Tag, an dem du nur Sachen machst, die dir Spaß machen.

Alles Liebe

deine

Susanne

Genesungswünsche

Sie kennen es vielleicht selber: Der Aufenthalt im Krankenbett, sei es zu Hause oder im Krankenhaus, kann ganz schön langweilig werden. Nicht immer haben die Menschen, die einem nahe stehen und an einen denken, auch die Zeit für einen Besuch.

Wäre es dann nicht schön, zumindest ein paar nette aufmunternde Zeilen zu erhalten? Einfach um zu wissen: Es denkt jemand an mich und nimmt Anteil – auch wenn Er oder Sie mich nicht täglich besuchen kann.

So oder ähnlich denken viele erkrankte Menschen. Mit einem Brief können Sie aufmuntern, Trost spenden oder sogar Mut machen.

Darauf sollten Sie bei Ihrem Genesungsschreiben achten:

- Schreiben an Freunde und enge Verwandte sollten, wenn Sie über eine leserliche Handschrift verfügen, handschriftlich verfasst werden.
- Bei Briefen an Geschäftspartner oder Kollegen können Sie die Schreibmaschine oder den Computer benutzen.
- Ihr Brief soll nicht traurig, sondern optimistisch klingen.
- Beziehen Sie sich auf die Zukunft, damit der Erkrankte über den „Tellerrand Krankheit“ hinausblickt.
- Wünschen Sie gute Besserung.
- Senden Sie ein kleines Präsent, wenn Sie mögen. Sie können auch Blumen „sprechen“ lassen.

Brief an eine Freundin im Krankenhaus

Liebe Gabi,

heute Morgen habe ich Rüdiger in der Stadt getroffen und zu meinem Bedauern erfahren, dass du seit drei Tagen im Krankenhaus liegst.

Wie du weißt, habe ich seit zwei Wochen eine neue Arbeitsstelle in Soest. Wie es aussieht, muss ich in nächster Zeit noch einiges an Überstunden leisten, um mich einzuarbeiten.

Ich kann dich also diese Woche noch nicht besuchen. Zeit, an dich zu denken, bleibt mir aber trotz allem und so wünsche ich dir eine baldige und vollständige Genesung.

Wenn alles glatt läuft, komme ich am Wochenende vorbei. Vorher rufe ich aber noch einmal an, damit wir die genaue Zeit festlegen können.

Viele liebe Grüße und gute Besserung

deine

Sarah

Brief an einen an Masern erkrankten Freund

Lieber Jörg,

ich habe gehört, dass du noch mindestens eine Woche im Bett bleiben musst. Aber laut Aussage deiner Mutter bist du ja schon wieder auf dem Weg der Besserung. Und trotzdem hat sie mir ein striktes Besuchsverbot erteilt, da sie nicht genau weiß, ob die Masern immer noch übertragen werden können.

Ich wünsche dir auf jeden Fall, dass dich die Masern und die verordnete Bettruhe nicht zu sehr schwächen und du ab dem 15. wieder zum Fußballtraining kommst.

Damit du nicht die ganze Zeit Fernsehen schauen musst, habe ich dir heute mein neues Computerspiel in die Post gesteckt. Ich bin schon jetzt auf deinen Highscore gespannt, wenn du eine Woche Übung hast.

Also viel Spaß und alles Gute

wünscht dir

dein

Jochen

Brief an einen Kollegen

Hals- und Beinbruch? Zum Glück nicht!

Lieber Malte,

kaum verlässt du unsere Bürogemeinschaft, um auf der Piste dein Bestes zu geben, da wirst du schon am ersten Tag von einem Anfänger gerammt und brichst dir eine Rippe. Es ist schon traurig, dass du noch nicht einmal die erste Abfahrt deines Urlaubs geschafft hast!

Wir alle hier im Büro sind uns jedoch ganz sicher, dass du nun beim Apres-Ski den ganzen Tag Jager-Tee, die schöne Bergsicht und die vielen „Skihasen" genießen kannst.

Glaub also nicht, dass wir dich besonders bedauern!

Viele Grüße und gute Besserung wünschen dir

deine Kollegen

Walter Heinz Ulrike Johannes

Vor einer Operation

Lieber Herr Stein,

wie wir erst jetzt erfahren haben, können Sie an unserem Betriebsfest nächste Woche nicht teilnehmen, da Ihre schon länger geplante Operation ansteht.

Es tut uns wirklich Leid, dass Sie nicht an unseren Feierlichkeiten teilnehmen können; denn schließlich haben ja auch Sie zum diesjährigen guten Geschäftsergebnis beigetragen.

Als kleinen Trost lassen wir Ihnen an unserem Festtag eine Überraschung zukommen, die Ihnen sicher Freude bereiten wird.

Wir alle hier hoffen, dass wir Sie bald wieder hier im Kollegenkreis begrüßen können.

Mit freundlichen Grüßen im Namen der Belegschaft

Gudrun Meier
Personalabteilung

Genesungswunsch an die Oma

Liebe Omi,

man hört nicht oft von den „Schmidts“ aus Soest, Dies trifft sicherlich ganz besonders auf unsere Sippe im Kastanienweg zu. Aber auch wenn wir nicht immer etwas von uns hören lassen, heißt das nicht, dass wir desinteressiert sind.

In der Vergangenheit waren wir immer über Barbara über jede Regung in Warburg sehr gut informiert.

Von ihr wissen wir auch, dass du eine Operation vor dir hast, die sicherlich nicht ganz einfach ist, die dir aber nachher das Leben wesentlich erleichtern wird.

Wir werden bei deiner Operation in Gedanken bei dir sein und den Ärzten über die Schulter schauen.

Wenn du dich dann nach deiner Operation wieder erholt hast und wieder Besuch empfangen kannst, werden wir diesmal nicht die Letzten sein, die sich bei dir blicken lassen.

Liebe Omi, ich denke also, dass wir uns also spätestens im nächsten Monat sehen werden.

Bis dahin drücke ich dir ganz fest die Daumen und wünsche dir viel Glück.

Dein

Lothar

Gratulations- und Glückwunschschreiben

Die Anlässe, etwas zu feiern, sind vielfältig: Geburtstage, Firmenjubiläen, Hochzeiten, Beförderungen usw. Hier sollten Sie etwas zu Papier bringen, denn mit einer schriftlichen Gratulation, die immer ein paar persönliche Worte enthalten sollte, können Sie dem Empfänger ganz besonders zeigen, was Ihnen an ihm liegt. Vor allen Dingen dann, wenn Sie nicht persönlich gratulieren können, ist ein Brief eine nachhaltigere Erinnerung als ein Glückwunsch per Telefon.

Ein Glückwunschschreiben bietet Ihnen eine ideale Möglichkeit, Freundschaften, Bekanntschaften oder auch geschäftliche Kontakte aufzufrischen.

Am schönsten ist es, wenn Ihr Brief pünktlich, also am Tag des Geburtstags, der Geschäftseröffnung, der Hochzeit usw. den Empfänger erreicht. Wenn der Brief vor 12:00 Uhr des Vortags weiterbefördert wird, erreicht er mit ziemlicher Sicherheit den Empfänger am nächsten Tag.

Mit einem Gratulationsschreiben erregen Sie beim Empfänger Aufmerksamkeit und signalisieren ihm, dass er Ihnen wichtig ist. Freunden beweisen Sie, dass Sie ein guter Freund sind, und Geschäftspartnern zeigen Sie, wie wichtig Ihnen die Geschäftsbeziehung, aber möglicherweise auch der persönliche Kontakt ist.

Ein Gratulationsschreiben muss aber nicht nur einen uneigennützigen Hintergrund haben: Nehmen Sie beispielsweise das Firmenjubiläum oder den Geburtstag eines Geschäftspartners zum Anlass, eine eingeschlafene Geschäftsbeziehung wieder zu beleben und sich in Erinnerung zu rufen.

Dies könnte Ihr Gratulationsschreiben enthalten:

- Glückwünsche,
- gute Wünsche für die Zukunft,
- einen Rückblick,
- die Erwähnung gemeinsamer Erlebnisse,
- Wünsche für eine schöne Feier,
- einen Hinweis auf ein Geschenk,
- Grüße an den Partner.

Auch für ein Gratulationsschreiben gilt: Handgeschrieben wirkt es am persönlichsten. Bei einem Brief an einen Geschäftspartner ist allerdings ein auf dem PC verfasstes Schreiben völlig in Ordnung. Hier könnte der handgeschriebene Brief eventuell sogar zu persönlich und aufdringlich wirken.

Kurze Glückwünsche zur Hochzeit

Herzlichen Glückwunsch zu euer Hochzeit!

Liebes Brautpaar,

zu eurer Hochzeit wünschen wir euch alles Glück der Erde. Genießt den „schönsten Tag des Lebens" und die anschließenden Flitterwochen!

Die liebsten Glückwünsche zu eurer Hochzeit senden euch eure Nachbarn

Sandra und Roland Neumann

Glückwünsche zur Hochzeit eines Kollegen

Herzlichen Glückwunsch

Sehr geehrter Herr Knoop,

zu unserer Freude erfuhren wir, dass Sie während Ihres Urlaubs geheiratet haben. Zu Ihrer Vermählung gratulieren wir Ihnen nachträglich ganz herzlich.

Ihre Frau hat wirklich Glück gehabt, einen Mann wie Sie zu „bekommen". Wenn Sie aus Ihren Flitterwochen zurückkommen, sind wir natürlich sehr gespannt darauf, Ihre Frau einmal kennen zu lernen.

Alles Gute und viel Glück wünschen Ihnen

Ihre Kollegen

Jochen Müller Günther Steiner Tatjana Glitt Renate Nenndorf

Glückwünsche an ein Brautpaar, das schon länger zusammengelebt hat

Endlich! Herzlichen Glückwunsch

Liebe Halina,

lieber Malte,

über die Nachricht von eurer Hochzeit habe ich mich richtig gefreut. Ich kenne kaum ein Paar, das so gut zusammenpasst wie ihr. Ich habe mich schon immer in den letzten Jahren gefragt, wann es endlich so weit ist und ihr den letzten, entscheidenden Schritt macht.

Ganz herzlich gratuliere ich euch zu eurer Entscheidung und wünsche euch alles Gute und viel Glück.

Ich bin wirklich gespannt, was sich nun in eurem Leben ändert. Ich meine außer dem neuem Klingelschild! Wollt ihr eine richtige Familie mit Kindern gründen? Ich glaube, dass euren zukünftigen Kindern nichts Besseres passieren könnte als euch als Eltern zu haben …

Aber bis dahin habt ihr ja noch Zeit. Genießt jetzt erst einmal in aller Ruhe eure Flitterwochen.

Alles Liebe

euer

Martin

Glückwünsche zum Hochzeitstag an den Partner, die Partnerin

Herzlichen Glückwunsch, mein Schatz!

Meine liebe Frau,

wie ist das, an seinem eigenen Hochzeitstag ein Geschenk von seinem Ehemann zu bekommen? Ungewöhnlich oder? Aber es sollte schon etwas Besonderes sein.

Ich möchte dir zu unserem Hochzeitstag ganz herzlich Dank für das erste gemeinsame Ehejahr sagen.

Für heute Abend habe ich bei unserem Italiener einen Tisch im Wintergarten reserviert.

Leider muss ich ausgerechnet heute etwas länger arbeiten, sodass ich dich erst um 19 Uhr abholen kann. Den Tisch habe ich für 19:30 Uhr reserviert.

Ich liebe dich und würde am liebsten den ganzen Tag mit dir verbringen.

Viele liebe Grüße sendet dir

dein

Heinz

Grüße

Nicht immer muss ein Brief zu einem besonderen Anlass geschrieben werden Manchmal ist es angebracht, zu einem Stück Papier zu greifen, um einfach mal wieder etwas von sich hören zu lassen.

Das Versenden von Grüßen unterliegt keinen besonderen formalen oder inhaltlichen Regeln. Umso schwieriger ist es oft, das weiße Blatt Papier sinnvoll zu füllen. Deshalb sind Menschen, die beispielsweise Urlaubsgrüße versenden, selten besonders kreativ. Kommentare zum schönen Wetter und dem guten Essen sind wohl auf fast allen Postkarten zu finden.

Wenn Sie also gelungene Grüße – die nicht zwangsweise aus einem Urlaubsort kommen müssen – versenden möchten, versuchen Sie, wie auch bei Ihrer anderen Korrespondenz, Floskeln zu vermeiden.

Unsere Tipps für gelungene Grüße lauten:

- Sie müssen nicht immer einen kompletten Brief verfassen; häufig tut es auch eine Postkarte.
- Postkarten müssen nicht zwangsweise nur aus dem Urlaub versandt werden. Versenden Sie einfach einmal ein paar Grüße aus Ihrer Heimatstadt.
- Sie verreisen häufig geschäftlich und haben Ihre Freunde vernachlässigt? Versenden Sie einen kurzen Gruß von unterwegs.
- Sie haben einen kleinen Ausflug in die Umgebung gemacht? Machen Sie Ihre Freunde mit einer dort gekauften Ansichtskarte auf die eine oder andere Sehenswürdigkeit aufmerksam.
- Sie haben eine Gemäldeausstellung besucht? Der immer reich sortierte Postkartenstand in Museen lädt geradezu ein, mit dem Lieblingsmotiv für den Besuch der Ausstellung und ein bisschen auch für sich zu werben.

Grüße an die Eltern

Liebe Eltern,

leider schaffe ich es an diesem Wochenende nicht, nach Hause zu kommen. Damit ihr aber wisst, dass es mir gut geht, hier das Neueste aus der Unistadt Bonn.

Die ganze Lernerei in den letzten Wochen hat sich wirklich gelohnt. Alle Prüfungen, zu denen ich mich gemeldet hatte, habe ich bestanden. Besonders freut mich das für die Statistikklausur, da hier fast 80 Prozent meiner Kommilitonen durchgefallen sind.

Mit unserem neuen Mitbewohner in unserer Wohngemeinschaft klappt es mittlerweile auch sehr gut (Er schraubt die Zahnpastatube nun endlich zu!).

Gestern habe ich Bescheid bekommen, dass ich wahrscheinlich ein Praktikum im Personalbereich bei Bayer machen kann. Das ist zwar nicht ganz mein Traumpraktikum, aber es wird bestimmt trotzdem sehr lehrreich.

Bis zu den Semesterferien sind es nun nur noch sechs Wochen und ich freue mich schon darauf, wieder einmal für ein paar Tage nach Hause zu kommen.

Ich melde mich, sobald ich den genauen Termin weiß.

Viele Grüße von

eurem Sohn

Roland

PS: Grüßt bitte Onkel Siggi und fragt ihn, ob er irgendwann Zeit hat, sich mein Auto anzusehen.

Urlaubsgrüße an die Kollegen

Grüße aus Dawos (Da, wos schön ist)

Liebe Kolleginnen und Kollegen,

immer nur Karten aus den entferntesten Urlaubsorten zu erhalten, ist doch langweilig. Dies wird also der erste Urlaubsgruß, den ich euch von meinem Balkon sende.

Die letzten zwei Wochen habe ich damit verbracht, meine gesamte Wohnung wieder einmal komplett zu renovieren.

Ansonsten denke ich bei einem Glas Wein an euch, aber nicht an die Arbeit. Ich hoffe, dass die Klimaanlage wieder funktioniert.

Ich hoffe außerdem, dass ich einen leeren Schreibtisch vorfinde, wenn ich wieder ins Büro komme.

Viele Grüße

Dieter Baumann

Grüße an die Oma

Liebe Oma,

schon lange hast du nichts mehr von mir gehört. Es wird Zeit, dass ich mich wieder einmal bei dir melde.

Im Augenblick lähmen in Berlin die Sonne und die Hitze den ganzen Tagesablauf, Zum Glück wohne ich nur fünf Minuten vom nächsten Badesee entfernt, sodass ich die meiste Zeit am Wasser verbringen kann.

Vor zwei Wochen hatten wir die „Love-Parade" hier. Vielleicht hast du etwas von dem Spektakel im Fernsehen gesehen. Die ganze Stadt war voller junger Menschen, die witzig angezogen waren und zu lauter Musik auf den Straßen getanzt haben. Du hättest sie sicher alle für verrückt erklärt. Aber es war schon toll, als die ganze Stadt voller Jubel, Trubel und Heiterkeit war.

Vor kurzem habe ich Onkel Dieter mitten auf dem Kudamm getroffen. Das war wirklich witzig, er hat sich überhaupt nicht verändert. Wir haben geschlagene drei Stunden im Café Kranzler gesessen und alte Geschichten über die gesamte Familie aufgewärmt.

Wenn ich meinen Zeitplan für die nächsten drei Monate überblicke, dann muss ich leider feststellen, dass ich es nicht schaffe, Chemnitz einen Besuch abzustatten.

Falls ich doch noch kommen kann, schaue ich natürlich auch bei dir einmal herein. Bis dahin wünsche ich dir schöne Sonnentage und freue mich darauf, wieder von dir zu hören.

Viele liebe Grüße sendet dir

dein Enkel

Sebastian

PS. Das alte Foto von Urgroßvater, das du mir letztes Mal geschickt hast, hängt nun gerahmt über meinem Schreibtisch und erinnert mich jeden Tag an unsere Familie.

Grüße an eine Urlaubsbekanntschaft

Liebe Renate,

danke für die Fotos. Wenn ich mir die tollen Urlaubsbilder anschaue, bekomme ich sofort wieder Lust, in den sonnigen Süden zu fahren.

Die drei Wochen im Holiday-Club gehörten wirklich zu den tollsten, die ich je erlebt habt habe.

Ganz besonders gefreut hat mich jedoch, dass ich dich kennen gelernt habe. Schon früher habe ich Urlaubsbekanntschaften gemacht, aber noch nie hatte ich das Gefühl, dass daraus mehr werden könnte.

Wir sollten uns unbedingt in der nächsten Zeit einmal treffen und die restlichen Fotos austauschen. Ich bin mir sicher, dass das ein schöner Abend werden wird.

Hoffentlich bis bald

Sebastian

PS: Gestern habe ich noch Sand und kleine Muscheln in meiner Jackentasche gefunden.

Grüße an eine entfernte Tante

Lieber Tante Erika,

gestern hat mir mein Vater erzählt, dass du dich für meine Pläne für die Zukunft interessierst

Natürlich steht als Erstes jetzt erst mal das Abitur an. Danach werde ich sofort im Anschluss meinen Dienst bei der Bundeswehr absolvieren. Wenn alles gut geht, bekomme ich vielleicht die Möglichkeit, die Ausbildung zum Reserveoffizier zu machen. Danach wollte ich eigentlich mein Hobby, die „Computerei", zu meinem Beruf machen und Informatik studieren.

Aber, wie gesagt, zuerst das Abitur. Wenn alles so weiterläuft wie bisher, könnte ich auf einen Durchschnitt von 1,8 kommen.

In sechs Wochen sind alle Prüfungen vorbei. Dann habe ich erst einmal einen zwei Wochen dauernden Urlaub auf Mallorca vor mir.

Vielleicht sehen wir uns ja auf Omas 80. Geburtstag in Warburg.
Bis dahin viele Grüße – auch an Onkel Wigalt

Max

Korrespondenz rund um Hotel & Urlaub

In diesem Kapitel geht es um die schönste Zeit des Jahres. Wir möchten Ihnen dabei helfen, sie von Anfang bis Ende zu genießen.

Was Sie bei allen Briefen rund um den Urlaub beachten sollten:

1. Reagieren Sie schnell

Sei es, dass Sie ein Hotelzimmer reservieren oder auf einen Mangel am Urlaubsort aufmerksam machen: Setzen Sie Ihr Schreiben so schnell wie möglich auf, damit Sie das gewünschte Zimmer noch erhalten beziehungsweise Ihre Reklamation anerkannt wird.

2. Seien Sie präzise in Ihren Äußerungen

Vor allem, wenn es um terminliche Vereinbarungen geht, ist eine präzise Formulierung unabdingbar. Schreiben Sie genau, von wann bis wann Sie was wünschen.

Sie stellen besondere Ansprüche an das Zimmer? Gehen Sie nicht davon aus, dass diese aufgrund des guten Rufs eines Hotels automatisch erfüllt werden. Erwähnen Sie sie gesondert.

Auch wenn Sie sich um die Minderung des Reisepreises bemühen, sind genaue Angaben unerlässlich.

3. Lieber schriftlich

Damit Ihnen Ihre schönste Zeit auf keinen Fall durch Organisationsfehler und Missverständnisse verdorben wird, sollten Sie alles schriftlich erledigen, damit Sie Bestätigungen und Absprachen schwarz auf weiß vorliegen haben.

4. Reservierungsbestätigungen gehören ins Gepäck

Ihnen liegt eine schriftliche Bestätigung über die Buchung eines Hotelzimmers vor? Dann tun Sie gut daran, das Schreiben mitzunehmen, damit Sie vor Ort gegebenenfalls nachweisen können, dass Sie einen so genannten „Beherbergungsvertrag" abgeschlossen haben. Denn Hotels sind manchmal überbucht, weil man immer von einigen „No-shows" ausgeht – also Personen, die zwar fest gebucht haben, dann aber doch nicht anreisen.

Wenn diese „Kalkulation" nicht aufgeht und alle angemeldeten Gäste anreisen, ist die Reservierungsbestätigung Ihre Garantie, dass man Ihnen ein Zimmer zuteilen wird – auch wenn es eine bessere Kategorie zum gleichen Preis sein sollte.

Minderung des Reisepreises

Wichtig: Wenn sich vor Ort ein Reiseleiter aufhält, machen Sie ihn unmittelbar auf den Mangel aufmerksam und bitten Sie um Abhilfe.

Minderung des Reisepreises und Schadensersatz
Reise nach Florida vom 10. bis 22. Oktober ...

Sehr geehrte Damen und Herren,

vom 10. bis 22. Oktober ... habe ich über Sie ein Zimmer im Hotel „Miami Resort Hotel“ in Miami Beach gebucht.

In Ihrem Katalog haben Sie das Hotel als „ruhig gelegen“ beschrieben mit einem Pool und einer Cocktailbar.

Leider wurde genau am Anreisetag neben unserem Hotel eine Großbaustelle begonnen. Von morgens 7 Uhr bis in die Abendstunden hinein dröhnten Bagger und andere Baumaschinen. Hinzu kam, dass man im Pool durch die Baustelle nebenan immer wieder von Staub- und Zementwolken eingenebelt wurde. Die Cocktailbar war wegen des Staubs ab dem zweiten Tag geschlossen.

Weiterhin hatte ich meinen Urlaub mit Vollpension gebucht, das Hotel bot aber nur Halbpension an.

Meine mündliche und schriftliche Beschwerde bei der örtlichen Reiseleitung blieb jedoch ohne Wirkung. Ihre zentrale Reiseleitung hat mir den Empfang meiner Beschwerde jedoch bestätigt. Diese Bestätigung sowie Fotos der Baustelle gehen Ihnen zusammen mit diesem Schreiben, zu.

Mir war es unter den geschilderten Umständen nicht möglich, meinen Urlaub zu genießen und mich richtig zu erholen.

Hiermit mache ich einen Schadensersatz von 500 EUR für entgangene Urlaubsfreude geltend.

Mit freundlichen Grüßen

Ferdinand Kersting

Reservierung eines Zimmers

Bei der endgültigen Reservierung eines Zimmers sollten Sie alle so weit mit dem Hotel getroffenen Vereinbarungen festhalten. Bestehen Sie auf einer Bestätigung.
Achtung: Weisen Sie darauf hin, falls Sie nach 18:00 Uhr anreisen. Ansonsten besteht die Gefahr, dass man Ihr Zimmer ab diesem Zeitpunkt an andere Gäste vergibt.

Zimmerreservierung

Sehr geehrte Damen und Herren,

bitte reservieren Sie für meine Frau und mich ein Doppelzimmer mit Dusche/WC und Blick auf den Main:

Anreise: 24. August ...

Abreise 27. August ...

Sie haben uns einen Preis von 95 Euro inklusive Frühstück zugesagt.

Wir werden voraussichtlich nach 18:00 Uhr anreisen. Bitte vermerken Sie unsere späte Ankunft und nehmen Sie die Reservierung auf garantierter Basis vor.

Ich bitte um Bestätigung unserer Reservierung – gern auch per E-Mail.

Vielen Dank.

Mit freundlichen Grüßen

Leo Feiter

Reiserücktritt

Rücktritt vom Reisevertrag Nr.: 234 34/gr- 97

Sehr geehrte Damen und Herren,

leider muss ich wegen eines Beinbruches von meiner Reise in die Karibik zurücktreten.

Da ich eine Reiserücktrittsversicherung abgeschlossen habe, will ich diese nun in Anspruch nehmen.

Teilen Sie mir bitte mit, welche weiteren Schritte ich vornehmen muss.

Ein ärztliches Attest habe ich Ihnen schon jetzt als Beleg mitgeschickt.

Für Ihre Mühe vielen Dank im Voraus.

Mit freundlichen Grüßen

Rainer Koller

Reservierung eines Campingplatzes

Platzreservierung für ...

Sehr geehrte Damen und Herren,

wir planen auch für Juni/Juli wieder einen längeren Campingurlaub bei Ihnen in Ostende. Reservieren Sie uns bitte zwei zusammenhängende Plätze für 4 Zelte und 2 Autos.

Am liebsten wären uns Plätze im hinteren Teil des Campingplatzes, die nicht in der Nähe der Sanitärbereiche liegen.

Wir reisen am 16. Juni an und bleiben bis zum 7. Juli ... (Datum).

Bestätigen Sie uns bitte unsere Buchung so schnell wie möglich.

Wenn Sie Fragen haben, erreichen Sie mich auch tagsüber unter der folgenden Telefonnummer ... im Büro.

Mit freundlichen Grüßen

Jens Meier

Zimmeranfrage mit vorbereiteter Antwort I

Durch den Vermerk „gern handschriftlich auf diesem Schreiben" erleichtern Sie dem Hotel die Antwort und können mit schneller Reaktion rechnen. Diese Anfrage ist recht generell gehalten und berücksichtigt keine Sonderwünsche.

Sehr geehrte Damen und Herren,

teilen Sie uns bitte unter Nennung der aktuellen Preiskonditionen unverbindlich mit, ob für die Nacht vom 24. auf den 25. August diesen Jahres noch ein Doppelzimmer mit Dusche frei ist. Es sollte nicht an der Straßenseite gelegen sein.

Gern können Sie mir Ihre Antwort handschriftlich auf diesem Schreiben faxen.

Mit freundlichen Grüßen

Rüdiger Kniest

Zimmeranfrage mit vorbereiteter Antwort II

Bei dieser Anfrage werden einige Sonderwünsche berücksichtigt. Wenn Ihnen Details wichtig sind, sollten Sie sie unbedingt mit in Ihre Anfrage aufnehmen, damit Sie vor Ort nicht enttäuscht sind. Die vorbereitete Antwort erleichtert dem Hotel eine schnelle Reaktion.

Sehr geehrte Damen und Herren,

ich benötige ein Einzelzimmer mit Dusche für den folgenden Zeitraum:

Anreise: 12. August ...

Abreise: 16. August ...

Das Einzelzimmer sollte einen Balkon haben und nicht zur Straße hin liegen.

Nutzen Sie für Ihre Antwort bitte dieses Schreiben. Vielen Dank.

Mit freundlichen Grüßen

Rüdiger Kniest

PS: Senden Sie mir in jedem Fall bitte einen Hotelprospekt zu.

ANTWORT
- Ja, ein Einzelzimmer mit der gewünschten Ausstattung ist noch frei. Das Einzelzimmer kostet inklusive Frühstück ... EUR.
- Ja, es ist noch ein Einzelzimmer frei, es fehlt aber folgender Ausstattungswunsch:

Das Zimmer kostet inklusive Frühstück ... EUR

Nein, leider ist kein Zimmer mehr frei.

Anfrage Fremdenverkehrsamt

Lassen Sie andere für sich arbeiten! Leider viel zu selten denkt man bei der Planung einer Reise an die Fremdenverkehrsämter, die Infos über Unterkünfte, Preise und Touren bereithalten.

„Wir wollen bei Ihnen Radfahren"

Sehr geehrte Damen und Herren,

für eine große Radwanderung unserer dreißigköpfigen Musikgruppe durch Brandenburg suchen wir nach geeigneten Übernachtungsmöglichkeiten und Attraktionen, die einen Besuch lohnen, für verschiedene Tagesausflüge.

Wir haben uns auf den Zeitraum zwischen dem 24. und 30. Juni einigen können. Unsere Gruppe reist mit dem Zug am 24. in Potsdam an und will pro Tag zwischen 50 und 80 Kilometer mit dem Rad zurücklegen.

Es wäre schön, wenn Sie uns Streckenvorschläge und einen Plan mit entsprechenden Radwegen und Übernachtungsmöglichkeiten zusenden könnten. Für entstehende Kosten komme ich natürlich auf.

Mit freundlichen Grüßen

Ludwig Hoffmann

Jubiläumsschreiben

Ein Firmenjubiläum ist für den zu Ehrenden ein ganz besonderer Tag. Außer einem Händedruck sollten Sie Ihrem Mitarbeiter oder Ihrer Mitarbeiterin ein persönliches Schreiben zukommen lassen. Zum einen wird dies dem besonderen Ereignis gerecht und zum anderen motivieren Sie Ihren Mitarbeiter dadurch für die Zukunft.

Gratulationsschreiben zum 10-jährigen Mitarbeiterjubiläum mit Einladung zur Feierstunde

In vielen Firmen ist es durchaus üblich, dass nicht nur ein Gratulationsschreiben an den Mitarbeiter verfasst wird, sondern dass zu einer gemeinsamen Feierstunde mit den übrigen Jubilaren eingeladen wird.

Sehr geehrter Herr Berger,

am 1. September werden Sie zehn Jahre Mitarbeiter unseres Unternehmens sein. Engagiert und motiviert – so kennen wir Sie. Sie haben die positive Entwicklung unseres Unternehmens nicht nur miterlebt, sondern auch mitgestaltet.

Da Sie uns schon so viele Jahre die Treue halten, worauf wir sehr stolz sind, möchte die Geschäftsleitung Ihnen und den anderen Jubilaren des Jahres … Anerkennung und Dank im Rahmen einer Feierstunde zum Ausdruck bringen. Wir laden Sie für Freitag, 15. Mai …, 11:00 Uhr zu einem Sektempfang in die Gaststätte Adelmann in Mastholte ein.

Ihre Angehörigen und Freunde sind zu dieser Feierstunde ebenfalls herzlich willkommen. Seien Sie bitte so nett, und informieren Sie das Sekretariat, wie viele Personen Sie einladen werden.

Es grüßt Sie

Dr. Bernd Mertens

Gratulationsschreiben zum 25-jährigen Firmenjubiläum

Lieber Herr Buschkamp,

zu Ihrem 25-jährigen Firmenjubiläum spreche ich Ihnen im Namen der gesamten Geschäftsleitung unsere herzlichen Glückwünsche aus.

Ihre Leistungsbilanz der letzten 25 Jahre hier zusammenzufassen ist fast unmöglich. Doch ich will es mit wenigen Worten versuchen: Schon damals als Auszubildender, so habe ich mir von „alten Hasen" berichten lassen, sind Sie Ihre Aufgaben mit großem Engagement angegangen. Ihre Tüchtigkeit konnten Sie nicht lange verbergen und schon nach wenigen Jahren waren Sie Abteilungsleiter. Es folgte der Posten des Bereichsleiters – und heute sind Sie Prokurist.

Ihr steiler Aufstieg innerhalb der Firma ist nie auf Kosten des guten Verhältnisses zu Ihren Mitarbeitern und Kollegen gegangen. Sie waren immer ein beliebter und respektierter Vorgesetzter und Kollege.

Wir danken Ihnen für Ihren unermüdlichen Einsatz und wünschen Ihnen weiterhin viel Erfolg.

Mit freundlichen Grüßen

Claus Gärtner
Geschäftsführer

Schreiben zu Kommunion, Konfirmation und Firmung

Nicht immer ist es leicht, die richtigen Worte zu finden, wenn es um Glaubensfragen geht. In jedem Fall sind jedoch Feiern zu Kommunion, Konfirmation und Firmung passende Anlässe, um mit Nichten und Neffen, Enkeln und Patenkindern zumindest schriftlich wieder einmal ein paar Worte zu wechseln.

Glückwunsch zur Konfirmation I

Herzlichen Glückwunsch

Lieber Stefan,

mit Respekt habe ich deine Entscheidung, dein Leben im Glauben an Gott fortzusetzen, verfolgt. Ich bin stolz auf dich, dass du diese Entscheidung getroffen hast und gratuliere dir noch einmal ganz herzlich.

An deiner Konfirmation kann ich leider aus beruflichen Gründen nicht teilnehmen. Ich hoffe, dass ich das richtige Geschenk ausgesucht habe.

Viele liebe Grüße

Peter Müller

Glückwunsch zur Konfirmation II

Herzlichen Glückwunsch

Liebe Gisela,

zu deiner morgigen Konfirmation wünsche ich dir schon heute alles Gute und viel Glück, da ich leider morgen nicht dabei sein kann. Du solltest aber wissen, dass ich sehr stolz auf dich bin.

Dein Vater hat mir erzählt, dass ihr ein besonders schönes Kleid zu deinem feierlichen Tag gekauft habt. Ich kann mir vorstellen, dass du wie darin eine kleine Prinzessin aussehen wirst.

Da ich mir nicht ganz sicher war, was sich eine junge Dame in deinem Alter wirklich wünscht, habe ich dir als Geschenk einen kleinen Geldbetrag beigelegt. Ich glaube, du wirst damit schon das Richtige tun.

Alles Gute sendet dir

Tante Elisabeth

PS: Viele Grüße auch an deine Eltern.

Danksagung für die Konfirmationsgeschenke

Lieber Onkel Gerhardt,

vielen Dank für die guten Wünsche und das tolle Pferdebuch, das du mir zu meiner Konfirmation geschenkt hast.

Es ist ja bekannt, wie sehr ich Pferde liebe, aber woher wusstest du, dass ich Araber am liebsten mag? Ich habe viel aus deinem Buch gelernt. Und je mehr ich lese, desto mehr glaube ich, dass ich später auch einen Araber haben möchte.

Mama sagt, dass ich jedoch erst einmal Reitunterricht auf einem Pony nehmen soll. Wahrscheinlich hat sie Recht.

Vielen, vielen Dank für dein Geschenk, ich habe mich wirklich sehr darüber gefreut.

Alles Liebe

deine

Iris

PS: Morgen werde ich mein Buch mit in die Schule nehmen.

Absage einer Einladung zur Kommunion

Herzlichen Glückwunsch

Lieber Heinz,

dein großer Tag steht bevor und ich kann leider nicht kommen. Ich wünsche dir aber trotzdem alles Gute und sende dir meine besten Wünsche zu deiner ersten heiligen Kommunion.

Ich hoffe, du bekommst viele Geschenke und hast einen schönen Tag mit deinen Eltern und Verwandten.

Damit du nicht bis nächsten Monat, wenn ich euch besuche, auf dein Geschenk warten musst, habe ich es heute als Paket zur Post gebracht. Wenn der Postbote sein Versprechen hält, dann hast du es morgen nach der Schule auf dem Tisch.

Viele Grüße und viel Spaß wünscht dir

dein

Onkel Eike

Absage auf eine Einladung zur Konfirmation

Vielen Dank für die Einladung

Liebe Manuela,

deine telefonische Einladung zu deiner Konfirmation hat uns wirklich sehr gefreut. Wir wünschen dir für deinen großen Tag Gottes Segen, alles Gute und eine Feier, an die du dich noch lange erinnern wirst.

Nach einem Blick in unseren Terminkalender mussten wir leider feststellen, dass wir nicht an deiner Feier teilnehmen können, da wir schon lange vorher eine andere wichtige Verpflichtung angenommen haben. Wir werden jedoch in Gedanken bei dir sein.

Bei unserem nächsten Besuch bringen wir dir dann auch dein Geschenk mit.

Wir grüßen deine Eltern ganz herzlich und wünschen dir viel Spaß bei deinem Fest.

Alles Gute

Reiner & Martina Suddendorf

Gratulation zur Firmung

Herzlichen Glückwunsch

Liebe Doris,

zu deiner Firmung wünschen wir dir Gottes Segen, viel Glück und alles, alles Gute für deine Zukunft.

Deine Erstkommunion liegt nun schon einige Zeit zurück und du bist ein vollwertiges Mitglied unserer Gemeinde geworden.

Wir hoffen, dass dir unser kleines Geschenk gefällt und es dich immer an uns erinnert.

Viele liebe Grüße senden dir

deine Tante Sofie und dein Onkel Peter

Danksagung nach der Firmung für die Geschenke

Vielen Dank!

Liebe Frau Glitt,

ich bedanke mich ganz herzlich für das tolle Buch über die Antarktis, das Sie mir zu meiner Firmung geschenkt haben. (Ich hatte mich damals im Januar schon gewundert, warum Sie mich sozusagen aus heiterem Himmel gefragt haben, was ich denn gerne lese.)

Mit dem Bildband haben Sie mir eines der schönsten Geschenke gemacht, das ich zu meiner Firmung bekommen habe. Und Sie können sicher sein: Eines Tages schaue ich mir die Antarktis persönlich an!

Ganz herzlichen Dank und viele Grüße

Ingeborg Behring

Kondolenzbriefe

Der Sinn eines Kondolenzbriefes ist es, den Hinterbliebenen Beileid über den Tod eines Menschen auszusprechen. Doch vielen von uns fehlen in dieser Situation die richtigen Worte. Wir wissen nicht, wie wir mit der Situation umgehen und uns den Hinterbliebenen gegenüber verhalten sollen. Häufige Folge: Wir gehen den Trauernden nicht nur aus dem Weg, sondern wir verfassen nicht einmal einen Brief, mit dem wir ausdrücken, dass wir mitfühlen und dass die Hinterbliebenen nicht mit ihrer Trauer allein sind.

Der Inhalt und der Stil des Briefes hängen davon ab, wie gut Sie den Verstorbenen kannten oder auch wie nah Sie den Hinterbliebenen sind, was nicht immer unbedingt identisch sein muss. Je enger der Kontakt war, desto ausführlicher und persönlicher sollte Ihr Brief ausfallen.

Diese Elemente sollte ein Kondolenzbrief enthalten:

- Drücken Sie Ihre Bestürzung und Anteilnahme aus.
- Würdigen Sie die Leistungen und Charakterzüge des Verstorbenen.
- Spenden Sie Trost und drücken Sie Ihr Beileid aus.

Zusätzlich könnten Sie

- Ihre Hilfe anbieten
- und/oder einen Besuch ankündigen.

In manchen Unternehmen werden alte Texte einfach abgeschrieben!

Wie funktioniert das bei Ihnen? Gibt es einen Standardtrauerbrief, der bei allen Gelegenheiten herhalten muss, wenn ein Mensch verstorben ist? Hoffentlich nicht.

Wie Ihr Beileidsbrief nicht aussehen sollte:
Wenn Sie eine Trauernachricht erhalten, gilt es nicht nur, so schnell wie möglich zu reagieren, sondern auch gewisse „Formvorschriften" einzuhalten.

Versendungsform
Beileidsbriefe werden auf keinen Fall offen oder als Postkarte verschickt und sollten nicht mit einer anderen Nachricht zusammen versandt werden. Weder Rechnungen noch Einladungen, Informationsschreiben, Werbung oder Ähnliches gehören mit in den Umschlag des Beileidsbriefes.

Freistempler
Frankiermaschinen sind zwar praktisch, aber für Beileidsbriefe „verboten". In jeder Firma, ob groß oder klein, gibt es die Möglichkeit, den Kondolenzbrief mit „richtigen" Briefmarken zu frankieren.

Briefbogen
Ein häufig gemachter Fehler: die Verwendung von schwarz umrandetem Briefpapier. Papier mit schwarzem Rand sollten Sie nicht für einen Kondolenzbrief benutzen; seine Verwendung ist ausschließlich dem Trauerhaus vorbehalten.
Beachten Sie bei der Wahl Ihres Briefpapiers auch Folgendes: Greifen Sie nicht auf das normale Geschäftspapier zurück. Verwenden Sie einen Geschäftsbogen, der für Repräsentationszwecke vorgesehen ist, das heißt ohne Angabe der Bankverbindung und Ähnlichem. In der Regel eignet sich die so genannte zweite Seite Ihres Briefpapiers.
Privatpersonen entscheiden sich für ein Briefpapier in einer zurückhaltenden Farbe, zum Beispiel Beige, Hellgrau oder auch Weiß. Selbstverständlich können Sie Ihr eigenes bedrucktes Briefpapier verwenden, wenn es die vorgenannten Kriterien erfüllt und nicht mit Blumenmotiven oder Ähnlichem bedruckt ist.

Anschrift
Obwohl Sie als Anschrift „An das Trauerhaus“ heute auf noch fast jedem Beileidsbrief finden, ist sie nicht mehr zeitgemäß. Richten Sie Ihr Schreiben besser an die „Familie X“ oder „Frau/Herrn X“.

Die Form des Beileidbriefes
Der Brief sollte vorzugsweise mit der Hand geschrieben werden. Je nach Kontakt oder Verhältnis zum Verstorbenen oder den Hinterbliebenen, besonders, wenn eine verwandtschaftliche Beziehung oder eine enge persönliche Beziehung besteht, ist ein handschriftlicher Brief sogar ein Muss.
Wenn Sie aber lediglich in einem entfernteren Verhältnis zu den Hinterbliebenen stehen oder Sie einer Firma kondolieren und Ihnen ein handschriftlicher Brief nicht angemessen oder übertrieben erscheint, ist es auch erlaubt, mit der Schreibmaschine oder dem Computer zu schreiben. Anrede und Grußformel sollten zumindest aber handgeschrieben sein.
Verzichten Sie auch auf vorgedruckte Beileidskarten, die Sie nur noch unterschreiben müssen – sie wirken lieblos.

Persönlicher Beileidsbrief
Jeder Beileidsbrief ist sehr persönlich, weil er auf die Beziehung zu einem Menschen eingeht und seine Verdienste würdigt.
Die Musterbriefe können Ihnen deshalb ausschließlich als Anregung dienen. Zuerst jedoch erhalten Sie ein paar „Textbausteine“, mit denen sich ein Kondolenzbrief individuell verfassen lässt.

Formulierungshilfen

1. *Einleitende Worte*

- Die Nachricht vom Tode Ihres Mannes hat uns alle sehr bestürzt.
- Der plötzliche Tod Ihrer lieben Frau hat mich sehr getroffen.
- Die Nachricht vom plötzlichen und tragischen Tod Ihres Geschäftsführers, Herrn Günter Raderer, hat uns sehr getroffen.
- Die Nachricht vom Tod Ihrer Geschäftsführerin, Frau Dr. Klara Konrad, ist für uns alle unfassbar.

2. *Worte der Wertschätzung*

- Er war für viele ein Vorbild.
- Sein Engagement und seine Kreativität waren stets ein Vorbild.
- Aufgrund ihrer freundlichen und warmherzigen Art waren ihr viele Mitarbeiter freundschaftlich verbunden.
- Wir verdanken es seinem unermüdlichen Einsatz, dass unser Unternehmen nach jahrelanger Talsohle wieder einen wirtschaftlichen Aufschwung erlebte.
- Sie wusste in Gesprächen durch Kompetenz und logisches Denken zu überzeugen.
- Wir haben ihn als ehrlichen Geschäftspartner kennen gelernt, der sich stets unseres Respektes und unserer höchsten Wertschätzung erfreute.
- Sie war eine Geschäftsfrau mit Weitblick und einem ausgeprägten Verständnis für ihre Mitarbeiter.
- Ich habe den Gedankenaustausch mit Ihrem Mann sehr geschätzt. Er war eine Bereicherung für jede Diskussionsrunde.

3. *Worte der Anteilnahme*

- Sie wird uns allen sehr fehlen.
- Er hat eine große Lücke hinterlassen. Wir alle trauern um ihn.
- Wir werden ihm ein gutes Andenken bewahren.
- Wir nehmen von ihr Abschied in tiefer Dankbarkeit und werden sie in guter Erinnerung behalten.

- Wir werden sein Andenken in Ehren halten.
- Er bleibt stets in unserem Gedächtnis.
- Wir werden sie sehr vermissen.
- Viele Menschen trauern um ihn.
- Wir trauern mit Ihnen um einen wertvollen Menschen.
- Ich teile mit Ihnen den Schmerz und die Trauer um Ihre liebe Frau.

4. *Abschließende Worte*

- In stiller Anteilnahme
- In tiefer Anteilnahme
- Ihre…
- Aufrichtiges Beileid
- In aufrichtiger Verbundenheit

Kondolenzbrief an die Familie eines verstorbenen Nachbarn

Liebe Familie Berger,

die Nachricht vom Tode Ihres Mannes und Vaters hat uns sehr betroffen gemacht.

Wir haben in ihm einen Nachbarn und guten Bekannten verloren, der durch seine Hilfsbereitschaft und seine offene, freundliche Art bei allen sehr beliebt war. Er wurde von allen, die wir kennen, geschätzt. Wir werden ihn sehr vermissen und trauern mit Ihnen.

Ihnen, liebe Familie Berger, sprechen wir unsere tiefempfundene Anteilnahme aus. Und wenn wir Ihnen irgendwie helfen können, zögern Sie bitte nicht, sich an uns zu wenden.

Ihre Nachbarn

Inge und Werner Röhrig

Kondolenzbrief an die Ehefrau eines verstorbenen Geschäftspartners

Sehr geehrte Frau Garcia,

die Nachricht vom plötzlichen Tode Ihres Mannes hat mich sehr getroffen.

Während der vielen Jahre unserer Zusammenarbeit habe ich Ihren Mann als aufrichtigen und vertrauenswürdigen Partner kennen und schätzen gelernt. Er war ein hervorragender Geschäftsmann, der auch in schwierigen Situationen nicht aus der Ruhe zu bringen war. Er agierte stets mit Gelassenheit und Weitblick, bis er schließlich zu einer Lösung fand.

Seine Ausgeglichenheit und seine Freundlichkeit haben alle, die mit ihm arbeiten durften, sehr beeindruckt.

Sehr geehrte Frau Garcia, bitte nehmen Sie – in dieser für Sie so schweren Stunde – meine aufrichtige Anteilnahme entgegen.

Mit stillem Gruß

Wilhelm Müller
Müller KG

Ein Mitglied des Vorstands ist gestorben

Sehr verehrte Frau Kröger,

als ich soeben vom Tod Ihres lieben Mannes erfuhr, konnte ich die Nachricht nicht glauben. Noch gestern erlebte ich ihn engagiert und vital wie immer.

So war er: Ein Mensch, der trotz seiner hohen Position nicht über den Dingen schwebte, sondern „mittendrin" steckte. Er wahrte den Kontakt zu Mitarbeitern, hatte für jeden ein offenes Ohr und half, wann immer er konnte. Das heißt nicht, dass er nicht wusste, wann es Zeit war, Entscheidungen zu treffen. Er hatte immer das richtige Gespür und hat die Firma auch in schwierigen Zeiten gut beraten.

Ich spreche Ihnen im Namen der gesamten Geschäftsführung unsere tief empfundene Anteilnahme aus. Wir haben Ihren Mann alle sehr geschätzt und er wird uns als Entscheidungsträger, Kollege und Freund sehr fehlen.

In stiller Trauer

Elisabeth Sprenger
Sprenger AG

Die Frau eines Mitarbeiters ist gestorben

Lieber Herr Sommer,

erst heute erfuhr ich vom Tode Ihrer Frau – die Nachricht hat mich sehr betroffen gemacht.

Leider hatte ich nur einmal die Freude, ein längeres Gespräch mit Ihrer Frau führen zu können – vor etwa einem halben Jahr anlässlich Ihres Richtfestes. Sie wirkte auf mich sehr lebensbejahend und optimistisch. Auch schien sie genau zu wissen, was sie wollte. Aus Gesprächen mit Ihnen weiß ich, wie nahe Sie beide sich standen und dass Sie besonders ihre lebensfrohe Art so sehr an ihr mochten.

Es scheint so ungerecht, einen geliebten Menschen zu verlieren, und es mag Ihnen im Augenblick schwer vorstellbar sein, diesen schmerzlichen Verlust je überwinden zu können. Ich wünsche, dass Ihnen die kommenden schweren Tage durch Erinnerungen an das glückliche gemeinsame Leben mit Ihrer lieben Frau erleichtert werden.

Ich spreche Ihnen meine tiefempfundene Teilnahme aus.

Johann Heidelberger

Die Tochter eines Nachbarn ist verstorben

Liebe Frau Scheer, lieber Herr Scheer,

es ist einfach unfassbar, dass Ihre kleine Tochter auf so tragische Art aus ihrem jungen Leben gerissen wurde.

Sabrina war so ein aufgewecktes, fröhliches kleines Mädchen. Wir haben, wenn sie manchmal in unseren Garten kam, viel mit ihr gelacht.

Aber sie war auch ein sehr musikalisches Kind. Oder sollten wir uns getäuscht haben, dass das Klavierspielen von mal zu mal besser wurde? Wir haben Sabrina oft spielen hören.

Sie haben einen Menschen verloren, der Ihnen der liebste auf der Welt war und den auch viele Ihrer Freunde, Bekannten und Nachbarn sehr vermissen werden. Wir sprechen Ihnen unsere tiefe Anteilnahme aus und werden Sie morgen gegen 15:00 Uhr kurz besuchen.

Ihre Nachbarn

Manuela und Kurt Büse

Kündigungen

Egal, was Sie kündigen, ein Mietverhältnis, einen Arbeits- oder Versicherungsvertrag – das wichtigste sind präzise Angaben.

Achten Sie bei Kündigungsschreiben darauf, dass Sie

- die gesetzliche, beziehungsweise vertraglich festgehaltene Frist einhalten,
- wenn Sie sich der Ablauffrist nicht sicher sind, zum nächstmöglichen Zeitpunkt kündigen,
- einen präzisen Betreff formulieren, der auch die Kunden- oder Versichertennummer enthält,
- höflich bleiben,
- um eine schriftliche Bestätigung Ihrer Kündigung bitten.

In einigen Fällen ist es dringend zu empfehlen, Kündigungen per Einschreiben/Rückschein zuzustellen, zum Beispiel bei Mitarbeitern, die längere Zeit nicht am Arbeitsplatz erschienen sind und denen Sie die Kündigung auf dem Postweg zukommen lassen müssen.

Kündigung eines Versicherungsvertrages

Kündigung meiner Haftpflichtversicherung HV 345-IV-1994

Sehr geehrte Damen und Herren,

nach den Allgemeinen Versicherungsbedingungen kann ich meinen Haftpflichtversicherungsvertrag nach meinem Schadensfall vom 24 Juli ohne Angabe von Gründen kündigen.

Hiermit kündige ich meinen Haftpflicht-Versicherungsvertrag fristlos mit sofortiger Wirkung.

Sollte die fristlose Kündigung nicht wirksam sein, kündige ich den Vertrag hiermit vorsorglich zum nächstmöglichen Termin.

Bestätigen Sie mir bitte die Kündigung schriftlich.

Vielen Dank.

Mit freundlichen Grüßen

Cornelia Müller

Kündigung des Arbeitsverhältnisses wegen Arbeitsplatzwechsels

Kündigung meines Arbeitsverhältnisses

Sehr geehrte Frau Kramer,

hiermit kündige ich meinen Arbeitsvertrag fristgemäß zum 31. September ... Bitte steilen Sie mir ein qualifiziertes Arbeitszeugnis aus.

Mit freundlichen Grüßen

Sigrid Rahnkamp

Kündigung eines Zeitschriftenabonnements

Kündigung des Abonnements für den Tagesanzeiger

Sehr geehrte Damen und Herren,

hiermit kündige ich mein Tagesanzeiger-Abonnement zum nächstmöglichen Termin. Mit meiner Kündigung ziehe ich auch meine Einzugsermächtigung zurück.

Bestätigen Sie mir bitte schriftlich meine Kündigung und den letzten Liefertermin.

Mit freundlichen Grüßen

Ivan Curie

PS: Bitte senden Sie mir kein weiteres Werbematerial Ihres Hauses zu und rufen Sie mich bitte nicht an. Danke.

Fristlose Kündigung eines Mitarbeiters

Tipp: Am besten ist es, die Kündigung per Einschreiben zu schicken oder bei Übergabe vom Empfänger quittieren zu lassen.

Fristlose Kündigung zum 30. Juni ...

Sehr geehrter Herr Kienemund,

leider müssen wir Ihren Arbeitsvertrag fristlos kündigen. Trotz mehrerer schriftlicher Abmahnungen sind Sie gestern erneut alkoholisiert zur Arbeit erschienen.

Eine Fortsetzung des Arbeitsverhältnisses ist für uns unter diesen Umständen nicht länger tragbar. Wegen der Gefährdung Ihrer Gesundheit und der Ihrer Mitarbeiter an Ihrem Maschinenarbeitsplatz können wir nicht bis zum Ablauf der ordentlichen Kündigungsfrist warten.

Der Betriebsrat hat bereits gestern Ihrer fristlosen Kündigung zugestimmt. Ihre Arbeitspapiere und Ihr Zeugnis werden Ihnen zugeschickt.

Mit freundlichen Grüßen

Rau GmbH

Herbert Sawallich
Geschäftsführer

Kündigung eines Mietvertrages wegen unzulässigen Verhaltens des Mieters

Kündigung der Wohnung in der Fleischhauerstraße 22, 2. Stockwerk im Vorderhaus

Sehr geehrte Frau Hammer,

hiermit kündigen wir das Mietverhältnis für die von Ihnen bewohnte Wohnung fristgerecht zum 31. Oktober …

Laut Ihrem Mietvertrag ist die Haltung von Hunden nicht zulässig. Trotz zweier schriftlicher Abmahnungen halten Sie nach wie vor einen Kampfhund in Ihrer Wohnung. Die Haltung des Tieres und die damit verbundenen Belästigungen wie nächtliches Bellen und Hundehaufen auf den Einstellplätzen sind für dieses Mehrparteienwohnhaus nicht länger hinnehmbar. Außerdem soll Ihr Hund nicht ungefährlich sein.

Da Sie bisher auf keine unserer Abmahnungen reagiert haben und auch die Belästigungen Ihrer Mitbewohner durch den Hund nicht abgenommen haben, sehen wir keine andere Möglichkeit, als Ihnen zu kündigen.

Denken Sie bitte daran, dass Sie laut Mietvertrag bis zum 31. Oktober … die Wohnung renoviert übergeben und vollständig räumen müssen.

Mit freundlichen Grüßen

Walter Kern

Kündigung einer Versicherung

Kündigung der Rechtsschutzversicherung
Nr. RV 11/86 234-23

Sehr geehrte Damen und Herren,

hiermit kündige ich die bei Ihnen abgeschlossene Rechtsschutzversicherung zum Ende der Vertragslaufzeit. Bestätigen Sie mir bitte den Eingang dieser Kündigung und das Ende der Vertragslaufzeit.

Da ich bereits einen Anschluss-Vertrag abgeschlossen habe, bitte ich von weiteren Fragen bezüglich meines Entschlusses abzusehen.

Mit freundlichen Grüßen

Friedhelm Franken

Mahnungen

Die Zahlungsmoral vieler Kunden lässt zunehmend nach. Die wirtschaftliche Gesamtlage tut das ihrige dazu. Wer heute über einen Kundenstamm verfügt, der zügig seine Rechnungen begleicht, kann sich glücklich schätzen. Doch viele Unternehmen haben die Erfahrung gemacht, dass zahlreiche Kunden erst einmal auf die erste Mahnung warten, bevor Sie überhaupt ans Bezahlen denken. In einigen Fällen weist das Kundenkonto bis zum bitteren Ende ein Soll auf.

Das Verfassen von Mahnungen ist eine Gratwanderung. Zum einen möchten Sie an Ihr Geld – und das möglichst schnell. Zum anderen möchten Sie den Kunden durch eine zu scharf formulierte Mahnung nicht vergraulen. Damit Sie die Umsetzung dieses Prinzips in Ihrem Mahnwesen guten Gewissens durchführen können, bedarf es folgender Erkenntnis: Ein Kunde, der tatsächlich übersehen hat, dass ein Betrag noch aussteht, reagiert auf eine unfreundliche, massive Mahnung ungehalten. Er wird das Geld zwar bezahlen, aber möglicherweise fühlt er sich so auf die Füße getreten, dass er zur Konkurrenz wechselt, wo er hofft, besser behandelt zu werden.

Kunden, die sowieso nicht vorhaben, jemals ihre Rechnung zu begleichen, ist auch mit massiven Formulierungen nicht beizukommen. Da hilft meist nur der Mahnbescheid.

Verderben Sie es sich also nicht mit den Kunden, die noch zahlungsfähig und -willig sind und formulieren Sie freundliche Mahnschreiben.

Was Sie von der rechtlichen Seite her über Mahnungen wissen sollten:

- Nennen Sie bereits in der Rechnung ein Zahlungsziel. Dies setzt den Kunden automatisch in Verzug.
- In der Geschäftspraxis sind Zahlungsziele zwischen sieben und 14 Tagen üblich.
- Es schadet nicht, wenn Sie Ihre Bankverbindung, obwohl sie bereits auf dem Briefbogen aufgedruckt ist, zusätzlich noch einmal angeben. Das erleichtert es dem Kunden, den Betrag zu überweisen.
- Legen Sie bereits ausgefüllte Überweisungsträger bei – auch dies erhöht die Schnelligkeit des Überweisungsvorgangs.

Diese Elemente gehören in Ihre Mahnung:

- Datum der Lieferung oder Dienstleistung
- Art und Umfang
- Rechnungsdatum
- Rechnungsnummer
- Der in der Rechnung vereinbarte Zahlungstermin
- Hinweis auf den Verzug
- Neuer Zahlungstermin
- Bankverbindung
- Unterschrift
- Mahndatum

Tipp: Versenden Sie zusammen mit der Mahnung eine Kopie der Rechnung oder einen Kunden-Kontoauszug, was in vielen Unternehmen üblich ist. Damit kann der Empfänger umgehend prüfen, ob die Mahnung berechtigt ist und dementsprechend handeln.

1. Mahnung

Zahlungserinnerung
Ihr Auftrag vom 27. April ...,
unsere Rechnung Nr. 32/05/98 vom 4. Mai

Sehr geehrte Frau Stöger,

Ihren Auftrag haben wir gern und zuverlässig ausgeführt. Genauso gern buchen wir natürlich auch termingerechte Überweisungen unserer Kunden.

Wir hatten am 28. April ... ein Autoradio, bestehend aus Radio und Cassettendeck, in Ihren PKW eingebaut. Die entstandenen Kosten von 43,50 EUR hatten Sie bis zum 2. Juni noch nicht beglichen. Bitte überweisen Sie den Betrag bis zum 19. Juni ... auf eines unserer Konten.

(Kontonummer) ...	(Kontonummer) ...
(Name des Geldinstituts) ...	(Name des Geldinstituts)
(Bankleitzahl) ...	(Bankleitzahl) ...

Haben Sie noch Fragen? Dann rufen Sie mich doch bitte am besten noch heute an: Tel.: ...

Freundliche Grüße

Ullis Hifithek Ulrich Geiger

Zahlungserinnerung

Mit dieser freundlich formulierten Zahlungserinnerung werden Sie selbst besonders empfindliche Gemüter nicht verärgern. Das Schreiben eignet sich gut für Stammkunden, die in der Regel pünktlich zahlen.

Freundliche Erinnerung!

Sehr geehrter Herr Schröder,

wir schätzen Sie als treuen und zuverlässigen Kunden. Daher haben wir Ihre am 21. März bestellten 24 Flaschen Wein „Campagnola Soave Classico" bereits am nächsten Tag geliefert. Entnehmen Sie bitte die Einzelheiten der Rechnungskopie, die wir beigelegt haben.

Bei der Prüfung der Zahlungseingänge haben wir heute jedoch festgestellt, dass die Rechnung vom 26. März … noch offen ist. Der Betrag von 125 EUR war am 12. April … fällig.

Sind Sie etwa mit unserer Lieferung unzufrieden? Dann rufen Sie uns doch bitte an. Das Problem lässt sich bestimmt schnell aus der Welt schaffen:… (Telefonnummer)

Vielleicht ist Ihre Zahlung an uns bereits unterwegs. Dann schenken Sie diesem Brief bitte keine Beachtung.

Sie haben die Rechnung ganz einfach vergessen? Dann überweisen Sie den Betrag doch bitte bis zum 30. Mai … Nutzen Sie dazu den für Sie vorbereiteten Überweisungsträger. Danke!

Wir freuen uns auf Ihren nächsten Auftrag!

Freundliche Grüße aus Bonn

Weinhandlung Luberstedt

Peter Luberstedt

Anlagen
Kopie der Rechnung, Überweisungsträger

1. Mahnung: allgemeine Erinnerung I

Zahlungserinnerung

Sehr geehrte Frau Kersting,

am 15. April ... erhielten Sie von uns wie bestellt eine Mikrowelle, Modell M 750 TW. Sie haben die Ware nicht reklamiert. Wir gehen deshalb davon aus, dass Sie mit der Ware zufrieden sind und dass sie bereits bei Ihnen in Gebrauch ist.

Unsere Rechnung vom 21. April... mit dem Zahlungsziel 5. Mai ... ist allerdings noch offen. Alle Zahlungseingänge bis 17. Juni ... sind berücksichtigt.

Sie erhalten mit diesem Schreiben eine Kopie der Rechnung. Falls sich unser Schreiben nicht mit Ihrer Überweisung überschnitten hat, zahlen Sie bitte den Betrag von 149 EUR ohne Abzüge auf eines unserer Konten.

Nassauische Volksbank	Sparkasse Wiesbaden
Kontonummer: ...	Kontonummer: ...
Bankleitzahl: ...	Bankleitzahl: ...

Sollten Sie den Betrag in den letzten Tagen bereits überwiesen haben, bedanken wir uns und bitten Sie, diesen Brief in den Papierkorb zu werfen.

Freundliche Grüße

aus Dresden

Elektroversand Wohlweber KG

Dirk Büse

Anlage
Kopie der Rechnung vom 21. April

1. Mahnung: allgemeine Erinnerung II

Diese Mahnung eignet sich besonders gut für Zahlungserinnerungen an andere Firmen.

1. Mahnung
Ihr Auftrag vom 15. Mai ...
unsere Rechnung Nr. 1265/05 vom 22. Mai ...

Sehr geehrter Herr Höhner,

als Firmeninhaber wissen Sie selber am besten: Mahnungen gehören zu den unangenehmsten Briefen. Dennoch müssen sie geschrieben werden, denn Liquidität ist eine der wichtigsten Voraussetzungen für unternehmerischen Erfolg.

Lange Rede – kurzer Sinn: Unsere Rechnung vom 22. Mai ... über Europaletten ist noch offen. Sie war bereits am 5. Juni ... fällig.

Bitte überweisen Sie den Betrag von 1.400 EUR bis zum 22. Juli ...
In der Anlage haben wir einen Überweisungsträger vorbereitet.

Haben Sie inzwischen überwiesen? Dann sage ich:

Vielen Dank und
freundliche Grüße
nach Warendorf

Benteler GmbH

Klaus Benteler

Anlagen
Kopie der Rechnung
Überweisungsträger

1. Mahnung: humorvolle Erinnerung

Wie gesagt: Es muss nicht immer bitterernst zugehen.

Zahlungserinnerung: Aller guten Dinge sind drei!

Sehr geehrte Frau Lambert,

es gibt drei Möglichkeiten, weshalb wir auf unserem Konto den Betrag von 1375 EUR noch nicht verbuchen konnten:

1. Sie haben unsere Rechnung, Nr. 456/98 vom 26. Mai … über ein Sofa der Firma Roset in Höhe von 2300 EUR bereits bezahlt. Dann seien Sie bitte so nett und faxen Sie uns eine Kopie des Überweisungsbelegs, denn Ihre Zahlung ist, Stand 9. Juli …, noch nicht bei uns eingegangen; Faxnummer: …

2. Es gibt ein Missverständnis oder Problem, über das wir heute noch sprechen sollten. Dann ist Herr Klaus Sommer Ihr Ansprechpartner. Sie erreichen ihn unter der Telefonnummer …

3. Sie haben übersehen, dass diese Rechnung noch nicht bezahlt ist. Dann sind Sie sicher froh, dass wir Sie daran erinnert haben und sorgen für kurzfristigen Ausgleich bis spätestens 29. Juli …

Freundliche Grüße

Wohnfactory

Ralf Peters

Anlage
Kopie der Rechnung

2. Mahnung

Auch eine zweite Mahnung, sollten Sie, wenn Sie einen Kunden behalten möchten, freundlich formulieren. Ihr Ziel: Formulieren Sie freundlich, aber bestimmt.

2. Mahnung
Ihr Auftrag vom 4. April ...
Unsere Rechnung vom 9. April ...

Sehr geehrter Frau Arnemann,

haben Sie uns vergessen?

Auf unser Erinnerungsschreiben vom 28. Mai... haben Sie bis heute nicht reagiert: Am 18. Juni... bestand auf Ihrem Kundenkonto immer noch ein Debit von 567,89 EUR. Bitte überweisen Sie diesen Betrag bis zum 6. Juli... auf eines unserer Konten:

Kontonummer: ...
Deutsche Bank
65900 Frankfurt
Bankleitzahl: ...

Kontonummer: ...
Sparkasse Frankfurt:
65900 Frankfurt
Bankleitzahl: ...

Da uns sehr viel an einer guten Zusammenarbeit liegt, haben wir darauf verzichtet, Mahngebühren und Verzugszinsen zu berechnen. Bitte zeigen auch Sie Entgegenkommen und zahlen Sie den noch ausstehenden Betrag bis zum angegebenen Termin.

Freundliche Grüße

Lößmann KG

Manfred Kreier

Anlagen
Kopie der Rechnung vom 9. April ...
Vorbereiteter Überweisungsträger

2. Mahnung: Ködern Sie den Kunden mit günstigen Konditionen

2. Mahnung
Ihr Auftrag vom 5. April ...
Unsere Rechnung vom 12. April ...

Sehr geehrter Herr Claas,

Sie haben bis heute nicht auf unsere Zahlungserinnerung vom 15. Mai reagiert und die noch ausstehendem 1.820 EUR bis zum 9. Juni... überwiesen.

Unsere günstigen Preise, von denen Sie beim Kauf des Bettes profitiert haben, sind eng kalkuliert. Die Kalkulation, die so attraktive Preise ermöglicht, basiert darauf, dass nicht nur wir gegenüber unseren Lieferanten, sondern auch unsere Kunden uns gegenüber die vereinbarten Zahlungstermine einhalten.

Überweisen Sie den Betrag von 1.820 EUR deshalb bitte bis zum 26. Juni auf eines unserer Konten:

... (Kontonummer)	... (Kontonummer)
... (Name des Geldinstituts)	... (Name des Geldinstituts)
... (Bankleitzahl)	... (Bankleitzahl)

Vielen Dank.

Freundliche Grüße

Wohnart GmbH & Co. KG

Rüdiger Freund

Anlage
Kopie der Rechnung vom 12. April ...

2. Mahnung: Berechnung von Mahngebühren und Lieferstopp

Es gibt Kunden, die prinzipiell ein erstes Zahlungsziel überschreiten. Greifen Sie deshalb bei diesen Personen bereits bei der zweiten Mahnung zu „härteren Mitteln“. Machen Sie zum Beispiel weitere Lieferungen von der sofortigen Bezahlung der noch ausstehenden Beträge abhängig.

2. Mahnung
Ihr Auftrag vom 20. April ...

Sehr geehrter Herr Winter,

leider ist der noch ausstehende Rechnungsbetrag von 1.790 EUR nach unserem Erinnerungsschreiben vom 2. Juni ... noch nicht bei uns eingegangen.

Bitte überweisen Sie den Betrag von 1.790 EUR bis zum 10. Juli ... auf eines unserer Konten:

... (Kontonummer)	... (Kontonummer)
... (Name des Geldinstituts)	... (Name des Geldinstituts)
... (Bankleitzahl)	... (Bankleitzahl)

Weitere Bestellungen werden wir erst ausführen, wenn Ihr Kundenkonto ausgeglichen ist.

Freundliche Grüße

K & K Papier GmbH

Ralf Rehberg
Buchhaltung

Teilzahlungs-Angebot und Mahngebühren

Bei hohen Außenständen ist es häufig sinnvoll, dem Kunden schon in der zweiten Mahnstufe ein Teilzahlungs-Angebot zu machen. Achten Sie darauf, dass es sich um einen Geschäftspartner handelt, der Ihr Entgegenkommen nicht ausnutzt. Damit keine finanziellen Verluste entstehen, sollten Sie angemessene Verzugszinsen berechnen.

2. Mahnung

Sehr geehrter Herr Winkels,

noch immer warten wir auf den Ausgleich unserer Rechnung vom 12. Februar. Auch auf unsere Zahlungserinnerung vom 3. März … haben wir keine Antwort erhalten.

Daher bieten wir Ihnen an, den Rechnungsbetrag zuzüglich Verzugszinsen in vier Raten zu je 250 EUR und einer Rate in Höhe von 230 EUR zu zahlen. Sind Sie mit diesem Vorschlag einverstanden? Dann überweisen Sie bitte die erste Rate bis zum 30. März … auf unser Konto …, bei der Deutschen Bank, BLZ …

Die weiteren Raten werden dann jeweils zum 1. eines Monats fällig. Bitte beachten Sie: Sollten Sie eine Rate nicht termingerecht zahlen, wird der Restbetrag zuzüglich Verzugszinsen sofort fällig.

Für Fragen und weitere Informationen steht Ihnen Frau Berger gern telefonisch zur Verfügung: … (Telefonnummer). Wir freuen uns auf Ihre Zahlung oder Ihren Anruf.

Freundliche Grüße

Riggert KG

Ursula Berger
Buchhaltung

Motivationsschreiben

Falls Sie Vorgesetzter oder Vorgesetzte sind: Hatten Sie schon einmal das Gefühl, dass Sie zwar viel von Ihren Mitarbeitern und Mitarbeiterinnen verlangen, aber nur wenig geben – abgesehen von der regelmäßigen finanziellen Anerkennung, auch Gehalt oder Lohn genannt? Viele Vorgesetzte stehen auf dem Standpunkt: Solange ich nicht kritisiere, lobe ich. Glauben Sie wirklich, dass Sie mit dieser Einstellung Ihre Mitarbeiter, Ihr wertvollstes und teuerstes Kapital, zu Hochleistungen motivieren? Wohl kaum.

Wieso versuchen Sie nicht einmal, einen Mitarbeiter oder eine Mitarbeiterin Ihres Unternehmens schriftlich zu motivieren? Geben Sie schwarz auf weiß zu verstehen, wie wertvoll er oder sie für Ihr Unternehmen ist. Briefe solcher Art können Wunder bewirken und mit Missverständnissen aufräumen. Mitarbeiter, die sich bislang als unwichtiges Rädchen einer großen Maschinerie fühlten, erfahren durch einen Motivationsbrief eine Steigerung ihres Selbstbewusstseins und sind weitaus mehr bereit, sich weiterhin für Ihr Unternehmen zu engagieren.

Mitarbeiter, die sich stark für die Firma „ins Zeug gelegt" haben, weit über das übliche Maß hinaus, und die anschließend kein Wort der Anerkennung erfahren, reduzieren ihr Engagement häufig drastisch. Ein paar dankende und anerkennende Worte würden die Motivation des Mitarbeiters aufrecht erhalten.

Also denken Sie daran: Motivationsbriefe können die Produktivität und somit den Erfolg Ihres Unternehmens steigern.

Motivationsbrief an alle Mitarbeiter zum Firmenjubiläum

Sehr geehrte Mitarbeiterinnen,
sehr geehrte Mitarbeiter,

als die Bertram GmbH vor 60 Jahren gegründet wurde, war die Zukunft des Unternehmens mehr als ungewiss; rund herum lag noch alles in Schutt und Asche:

Das Arbeiten war – wie ich von meinem Vater weiß – nicht gerade einfach. Ausgefallene Heizungen im Winter gehörten eher zu den harmloseren Behinderungen zu dieser Zeit. Doch die Belegschaft hat zu meinem Vater gehalten.

Heute kämpfen wir mit ganz anderen Problemen. Staatliche Auflagen müssen erfüllt werden, die immer neue Investitionen erfordern. Arbeitsprozesse werden ständig umorganisiert, Neueinstellungen sind nur selten. Und auch heute gilt wie damals: Die Mitarbeiterinnen und Mitarbeiter halten zum Unternehmen.

Für Ihre Treue, Ihre Zuversicht und Ihr Engagement danke ich Ihnen heute. Wenn wir weiterhin an einem Strang ziehen, werden wir gemeinsam alle Arbeitsplätze sichern und dafür sorgen, dass die Bertram AG in 40 Jahren ihr 100-jähriges Bestehen feiern kann.

Lassen Sie uns den bisherigen Erfolg gemeinsam feiern – ich wünsche Ihnen auf unserem Grillfest, das am 12. Juli … ab 14:00 Uhr auf unserem Betriebsgelände stattfinden wird, viel Vergnügen. Ich würde mich freuen, wenn möglichst viele von Ihnen Ihre Familien mitbringen.

Es grüßt Sie

Laurenz Bertram

Motivationsbrief nach dem Tod des Firmenchefs

Sehr geehrte Mitarbeiterinnen,
sehr geehrte Mitarbeiter,

der plötzliche Tod unseres Firmeninhabers, Herrn Michael Sauerkamp, hat uns tief getroffen. Noch immer sind wir erschüttert.

Viele von Ihnen fragen sich sicher: Wie geht es jetzt weiter?

Michael Sauerkamp war der Gründer und die treibende Kraft unseres Unternehmens. Er hat Sauerkamp Metall zum Erfolg geführt und sein ganzes Engagement in die Firma gesteckt – nun ist es an uns, in seinem Sinne weiterzumachen.

Frau Sauerkamp hat mich gebeten, die Geschäftsführung kommissarisch zu übernehmen, bis wir uns über die weitere Vorgehensweise und den zukünftigen Geschäftsführer entschieden haben. Dieser Bitte komme ich gern nach.

Gleichzeitig bitte ich für die Zukunft um Ihre gewohnte Unterstützung. Durch Ihr Engagement und Ihren Einsatz werden wir das Lebenswerk unseres Firmengründers fortsetzen. Über alle weiteren Entwicklungen werde ich Sie auf dem Laufenden halten.

Vielen Dank.

Manfred Krieger
Kommissarischer Geschäftsführer

Neujahrsgrüße

Der Austausch von Freundlichkeiten zu Weihnachten, entweder in Karten- oder in Grußform, gehört vielerorts zu den ungeschriebenen Gesetzten – sei es im privaten wie auch im geschäftlichen Bereich. Wenn Sie einmal bewusst „aus der Reihe tanzen" und gleichzeitig nicht darauf verzichten möchten, Geschäftspartnern, Freunden und Bekannten alles Gute für das bevorstehende Jahr zu wünschen, ist ein Neujahrsgruß, der anstelle des Weihnachtsbriefs tritt, genau das Richtige für Sie. Durch den bewusst gewählten, späten Zeitpunkt können Sie sicher sein: Ihr Brief fällt auf und geht nicht im allgemeinen Weihnachtstrubel unter.

Was Sie beachten sollten:
Ihr Neujahrsgruß sollte immer einen aktuellen Bezug haben; zum Beispiel einen Verweis auf politische oder unternehmerische Entwicklungen.

Neujahrsbrief an einen Geschäftskollegen

Was wird uns ... (Jahreszahl) wohl bringen?

Sehr geehrter Herr Dr. Feiter,

über Ihren Weihnachtsgruß und die besten Wünsche für das nächste Jahr habe ich mich sehr gefreut. Ich hoffe, dass Sie Ihr Weihnachtsfest gemeinsam mit der Familie in Ruhe feiern und genießen konnten.

Das Jahr... hat von allen Mitarbeitern in unserer Branche viel verlangt. Sehr dankbar bin ich für Ihre wertvolle Unterstützung, die weit über das normale Maß hinausging. Mit Ihnen als Partner kann ich den Herausforderungen des neuen Jahres optimistisch begegnen.

Das kleine Geschenk für Sie und Ihre Familie soll Ihnen den Jahreswechsel verschönern und Sie für neue Taten rüsten. Alles Gute, viel Erfolg und einen schönen Kurzurlaub.

Ihr

Matthias Riffel

Neujahrsgrüße an einen guten Freund

Alles Gute für ... (Jahreszahl)

Lieber Arnold,

erinnerst du dich noch an unsere letzte große Silvesterfeier? Und wenn ich dann über das vergangene Jahr nachdenke, kann ich es gar nicht fassen, dass das schon wieder 365 ganze Tage und Nächte waren. Mir kommt es eher wie drei, vier Monate vor und nicht wie 52 Wochen.

In der Silvesternacht übermorgen werde ich mir wahrscheinlich wieder dieselben guten Vorsätze wie jedes Jahr vornehmen:

- gesünder essen,
- etwas mehr Sport treiben,
- weniger Stress im Job und mehr Zeit für meine Frau und die Kinder.

Eines werde ich mir für das nächste Jahr jedoch nicht vornehmen, sondern es gleich im Februar verwirklichen: Ich werde dich wieder einmal in München zu besuchen. In den letzten beiden Februarwochen habe ich Urlaub. Wenn du dir auch ein wenig Zeit nehmen kannst, dann ruf doch einfach an und sage Bescheid, an welchen Tagen wir uns sehen können.

Viele Grüße und alles Gute im neuen Jahr wünscht dir

Hartmut

Vorgezogene Neujahrsgrüße

Ein frohes neues Jahr

Liebe Renate,
lieber Ulrich,

schon wieder sind 365 Tage vergangen und das neue Jahr steht vor der Tür. Dieses Jahr beginnen wir unseren Rutsch in das Jahr... in einer kleinen Pension in den Alpen – hoffentlich mit Schnee. Da wir nicht wissen, ob wir eingeschneit werden, die Telefonleitungen reißen oder wir einen Briefkasten finden, bekommt ihr bereits heute schon unsere Neujahrsgrüße.

Was ist eigentlich aus euren Vorsätzen geworden, die ihr euch letztes Jahr vorgenommen habt? Als wir gestern einmal darüber nachgedacht haben, sind wir zu der Erkenntnis gelangt, dass einige Vorsätze doch mindestens zwei Jahre brauchen, um so richtig in die Tat umgesetzt zu werden.

Auf jeden Fall wünschen wir euch für das neue Jahr alles Gute und dass sich das nächste Jahr von seiner besten Seite für euch zeigt.

Viele Grüße von

Jutta und Wolfgang

Neujahrsgruß an eine Mitarbeiterin

Das nächste Jahr kann ruhig kommen

Sehr geehrte Frau Lemke,

wenn ich das vergangene Jahr noch einmal vor meinem geistigen Auge vorbeiziehen lasse, dann fällt mir auf, dass Sie durch Ihre Kompetenz und Weitsicht im vergangenen Jahr entscheidend zu unserem guten Unternehmensergebnis beigetragen haben und dafür bedanke ich mich bei Ihnen ganz herzlich.

Auch im Namen der anderen Mitarbeiterinnen und Mitarbeiter wünsche ich Ihnen Gesundheit und persönliche Zufriedenheit und einen guten Rutsch in das neue Jahr.

Herzliche Grüße

Ihr

Peter Freiberger

Neujahrsgrüße an eine Geschäftspartnerin

„Nie stehen bleiben!“

Sehr geehrte Frau Scheer,

in wohl kaum eine andere Zeit des Jahres passt obiges Lebensmotto von Arthur Miller so gut wie in die heutige: Das alte Jahr geht zu Ende, das neue steht vor der Tür. Greifbarer Zeitenwechsel, Gedanken an vergangene Monate und Pläne für das kommende Jahr wechseln einander ab.

Grund für uns, Ihnen für die bevorstehenden Festtage und das neue Jahr alles Gute zu wünschen. Auch für ... hoffen wir auf eine weiterhin angenehme und produktive Zusammenarbeit.

Mit freundlichen Grüßen

Kerstin Hülsdünker
Geschäftsführerin

Osterbriefe

In der Weihnachtszeit hat die Post Hochkonjunktur. Auch Menschen, die mehrere Monate nichts voneinander gehört haben, tauschen plötzlich rührselige Briefe aus.

Bringen Sie etwas Abwechslung in Ihre Gewohnheiten! Warum finden Sie nicht ein paar nette Worte anlässlich des Osterfestes? So gehen Sie sicher, dass Ihre Grüße nicht in der Brief- und Kartenflut, die zur Weihnachtszeit üblich ist, untergehen.

Ein fröhliches Osterfest

Liebe Mutter, lieber Vater,

dieses Jahr werde ich das Osterfest zum ersten Mal leider nicht mit euch feiern können. Ihr wisst: Mein Umzug nach Hannover steht bevor. Ich muss die Feiertage dazu nutzen, meine neue Wohnung ein wenig zu renovieren und den Umzug in Angriff zu nehmen.

Ich wünsche euch trotzdem ein fröhliches Osterfest und hoffe, dass ihr mit dem „Rest der Familie“ einige schöne Tage verbringen werdet. Ich hoffe, ihr denkt an mich, wenn ihr euer großes Osteressen habt, während ich anstreiche oder Kisten schleppe.

Sobald meine neue Wohnung fertig ist, schicke ich euch ein paar Fotos oder ihr kommt einfach einmal über das Wochenende vorbei.

Fröhliche Ostern und viele Grüße sendet euch

eure

Angelika

Fröhliche Ostern

Liebe Renate und lieber Angelo,

fröhliche und ruhige Ostertage wünschen wir euch ganz herzlich aus dem sonnigen Nürnberg. Ihr werdet mit Sicherheit wieder viel Spaß bei der Suche der Ostereier in eurem großen Garten haben. Ob die Kinder alle Eier finden? Unsere haben im vergangenen Jahr das letzte Osterei im Juni gefunden …

Diesmal bleiben wir über Ostern zu Hause und entspannen uns mit Essen, Trinken und ein wenig Gartenarbeit. Wir hoffen, dass ihr die Feiertage genauso genießt wie wir.

Viele Ostergrüße senden euch

Karin und Peter

Mitteilungen über Preiserhöhungen

Das Anheben der Preise lässt sich manchmal nicht umgehen: Spätestens, wenn Zulieferer ihre Preise erhöhen, müssen Sie dies häufig an Ihre Kunden weitergeben.

Geschicklichkeit, logische Argumentation und Sensibilität sind gefragt, wenn Sie Ihre Kunden über eine bevorstehende Preiserhöhung informieren.

Beachten Sie folgende Hinweise, damit Ihr Schreiben nicht falsch verstanden wird und Sie Ihre Kunden nicht vergraulen:

- Reden Sie nicht lange um den heißen Brei herum.
- Versuchen Sie nicht, die Preiserhöhung in einem besonders langen Anschreiben und mit umständlichen Satzkonstruktionen zu tarnen.
- Die Nachricht über eine Preiserhöhung ist für den Kunden eine schlechte Botschaft. Achten Sie deshalb ganz besonders darauf, Ihren Brief mit positiven Begriffen zu spicken. Formulieren Sie präzise, damit der Kunde nicht raten und selber rechnen muss, wie hoch die Preiserhöhung letztlich sein wird.
- Bedanken Sie sich für die bisherige gute Zusammenarbeit.

Mitteilung über eine Preiserhöhung eines Papierlieferanten an seine Kunden

Sehr geehrter Herr Möller,

über zwei Jahre haben wir unsere Preise stabil halten können. Zum 1. Dezember ... tritt nun unsere neue Preisliste in Kraft. – ein Exemplar haben wir Ihnen beigelegt.

Verbesserte, umweltbewusste Herstellungsverfahren veranlassten uns zu größeren Investitionen. Gleichzeitig bedeutet der aktuelle Tarifabschluss eine Belastung für unser Unternehmen.

Wenn Sie sich die Preisliste genau ansehen, werden Sie feststellen, dass es uns gelungen ist, die meisten Preise unverändert zu lassen. Nur bei wenigen Papiersorten konnten wir den günstigen Preis nicht mehr halten.

Was wir aber auf jeden Fall halten konnten, ist unser Anspruch an höchste Qualität, von der auch Sie in Zukunft weiterhin profitieren werden.

Vielen Dank für Ihr bisheriges Vertrauen und auf weiterhin gute Zusammenarbeit.

Mit freundlichen Grüßen

Gerkens Papierfabrik GmbH & Co. KG

Gustav Gerkens

PS: Wir laden Sie und Ihre Mitarbeiterinnen und Mitarbeiter zu einer Betriebsbesichtigung am 24. Februar ... ein. Wenn Sie neugierig sind, wie es bei uns „zugeht“, freuen wir uns auf Ihren Besuch. Bitte schicken Sie die beigefügte Postkarte bis zum 4. Februar ... an uns zurück.

Information über eine Preiserhöhung einer Spedition an ihre Kunden

Sehr geehrte Frau Wrede,

engagiert, motiviert und vor allem pünktlich, so haben Sie in den letzten Jahren den Service unseres Hauses kennen gelernt.

Um den gewohnten, leistungsstarken Service halten zu können, sind wir in diesem Jahr gezwungen, unsere Frachtpreise um 3 % zu erhöhen. Dieser Schritt ist aufgrund gestiegener Versicherungstarife, Benzinkosten und Straßennutzungsgebühren nicht zu vermeiden gewesen.

Die geringe Erhöhung unserer Preise ist die einzige Veränderung, die Sie in Kauf nehmen müssen. Alles andere bleibt beim Alten – das Team, der Service und die Zuverlässigkeit.

Auf gute Zusammenarbeit und weiterhin viele sichere Kilometer miteinander!

Freundliche Grüße

Spedition Wankel

Helmut Wankel

Pressemitteilungen

Nachrichtenagenturen, Zeitschriften und Zeitungen werden täglich mit Pressemitteilungen überschüttet. Weltpolitische Ereignisse finden in dem entsprechenden Medium immer einen Platz – wie aber stellen Sie es an, dass jemand von Ihrem neuen Produkt, dem gesteigerten Umsatz oder Ihren erweiterten Tätigkeiten auf dem internationalen Markt Kenntnis nimmt?

Gerade kleinere Firmen, die nicht deutschland- oder weltweit bekannt sind, kämpfen um Aufmerksamkeit. Ihnen fehlen die internen Pressefachleute, die wissen, wie man eine Information für die Presse aufbereitet, damit darüber berichtet wird.

Bauen Sie Ihre Presseinformationen wie einen journalistischen Artikel auf. Besonders einfach gelingt Ihnen dies, wenn Sie in Ihrer Pressemitteilung die folgenden sechs W-Fragen beantworten.

- **Wer** produziert, veranstaltet, stellt her oder vertreibt?
- **Was** gibt es Neues zu berichten?
- **Wo** findet das Ereignis statt?
- **Wann** findet das Ereignis statt?
- **Warum** ist das Ereignis für die Leser der Zeitung interessant?
- **Wie** ist das Ereignis abgelaufen oder wie sind die genauen Umstände?

Checkliste für die erfolgreiche Pressemitteilung:

- Nutzen Sie einen aktuellen Aufhänger für Ihre Pressemitteilung.
- Beginnen Sie mit einer Schlagzeile.
- Kürzen Sie Ihre Pressemitteilung auf die wichtigsten Informationen.
- Bauen Sie in Ihre Pressemitteilung die Antworten auf die sechs W-Fragen ein.
- Wenn Sie es den Redaktionen besonders leicht machen wollen, geben Sie die Anschläge, das heißt Anzahl der Buchstaben inclusive der Leerzeichen, Ihres Pressetextes an.

Pressemitteilung I

56.000 bps Faxmodem mit Anrufbeantworter – funktioniert auch bei abgeschaltetem PC – für nur 399,– EUR

Modem ist nicht gleich Modem; bei Kennern im Bereich der Datenübertragung gilt seit Jahren: Geräte mit dem Label US-Robotics sind sehr zuverlässig und funktionieren sogar bei schlechten Telefonleitungen extrem stabil. Das neue Modem USR Sportster Message Plus der Firma 3Com, welches voraussichtlich ab Ende August … lieferbar sein wird, ist gerade auch für Heimarbeitsplätze vielfältig einsetzbar – eine stromsparende Zukunftsinvestition.

Dieses Voice- und Faxmodem bietet mehr als andere Geräte dieser Preisklasse: Ohne den PC einzuschalten, können auf rund 2 MB ca. 20 Nachrichten beziehungsweise 70 Faxe gespeichert werden. Sogar bei Stromausfall bleibt das Sportster Message Plus einsatfähig; eingehende Anrufe und Faxe bleiben gespeichert, selbst Fernabfrage ist möglich. Neben dem Zugang zum Internet und zur Intranet-Datenübertragung kann das Gerät als vollwertiger Anrufbeantworter, Faxgerät und auch als Freisprechtelefon durch den mitgelieferten Kopfhörer genutzt werden. Das upgradefähige Flash Rom erlaubt vielfältige Erweiterungen für das Modem.

Weitere Ausstattungsdetails sind: automatische Erkennung und Umschaltung von Fax-, Daten- und Sprachanruf, V.34+, bis zu 56 000 bps, Fax der Gruppe 3 (bis 14 400 bps); X2 dient, Fehlerkorrektur nach V.42 / MNP 2-4, Datenkompression nach V.42 bis / MNP 5, erweiterter AT-Befehlssatz, moderner DSP-Chip und Rockwell Voice (#V) Befehle. Das Modem hat 8 LED und besitzt Lautsprecher mit digitalem Lautstärkeregler. Ein weiteres Bonbon ist die 5-jährige Herstellergarantie, die 3Com/USR auf dieses Gerät gewährt.

Erhältlich ist das Sportster Message Plus beim autorisierten Distributor, der Connect Service Riedlbauer GmbH und deren Fachhändlern für 399,– EUR.

Kontaktadresse:
Connect Service
Hauptstr. 3, 44000 Holzheim

für Kunden:	Tel.:	Fax: …
für Presseanfragen:	Tel.:	Fax: …

(Zeichen: 1825, Wörter: 249, Zeilen: 25) Belegexemplar erbeten

Pressemitteilung II

Brühl GmbH – weltweit größter Anbieter von Jagdzubehör sichert Arbeitsplätze

Die Brühl GmbH ist bereits bis ... (Jahreszahl) voll ausgelastet – dies teilt der Geschäftsführer Jürgen Brühl mit. Der gute Absatz von Jagdzubehör im Ausland und die Steigerung der Auftragseingänge um 18 Prozent versprechen eine langfristige Gewinnerwartung und helfen mit, Arbeitsplätze in der Region zu sichern.

339 Zeichen

Presse- und Öffentlichkeitsarbeit:
Dagmar Krause
Tel.: ...
Fax: ...

Pressemitteilung III

Cyber-Badezimmer

Großzügig und geradezu futuristisch muten die neuen Verkaufsräume der Firma Weber Bad und Sanitär an. Auf 500 qm zeigt die regionale Niederlassung eines der größten Sanitätsunternehmen Deutschlands seit dem 15. Dezember ...die neuesten Kreationen rund ums Bad.

Der Clou: An einem PC kann sich der Kunde sein Wunschbad zusammenstellen und farbig ausdrucken lassen. Kosten für diesen besonderen Service: Keine!

Der Andrang auf das Cyberbad war bereits am Eröffnungstag groß. Etwa 500 Menschen kamen zur Eröffnung und viele konnten ihr Wunschbad ausgedruckt mit nach Hause nehmen, um dort weiterzuplanen.

Presse- und Öffentlichkeitsarbeit
Ralf Sieger
Telefon: ...
Fax: ...

Pressemitteilung/Begleitschreiben

Firmenjubiläum

Sehr geehrter Herr Thies,

unsere Firma begeht am 7. Oktober ihr 25-jähriges Firmenjubiläum.

Ein Anlass zum Feiern und ein Grund, den vielen Klienten dankbar zu sein, die dies ermöglicht haben.

Für einen Hinweis in Ihrer Zeitung oder die Veröffentlichung des mitgeschickten Textes wären wir Ihnen sehr dankbar.

Wir würden uns freuen, Sie an dem für uns so bedeutenden Tag zu einem Glas Sekt begrüßen zu können. Werden Sie kommen?

Mit freundlichen Grüßen

Krämer GmbH

Ludwig Kurz

Anlage

Pressemitteilung/Anschreiben und Text in einem

Sehr geehrter Herr Klausen,

am 1. Juli … ziehen wir in neue Räume in der Müllerstraße 39, damit unsere Kunden noch besser und schneller als bisher bedient werden können.

Neue Techniken machen heute den Bau von Kopiergeräten möglich, von denen man vor einigen Jahren nur träumen konnte. Uns gelingt es jetzt, diese Maschinen im neuen „Heim" zum Nutzen unserer Kunden einzusetzen.

Wir wären Ihnen sehr dankbar, wenn Sie Ihre Leser auf unseren Umzug aufmerksam machten, und wir würden uns freuen, Sie an dem für uns so erfreulichen Tag gegen … Uhr zu einem kleinen Imbiss begrüßen zu können.

Mit freundlichen Grüßen

Bernink & Schröder

Ursula Wolf

Text für Veröffentlichung:

Die Firma Bernink & Schröder, Copyshop, zieht am 1. Juli … in neue Räume in der Müllerstraße 39.

„Jetzt", so sagt der Inhaber, Wolf Schröder, „können wir durch den Einsatz modernster Technik unseren Kunden Vorteile bieten, die diese auch in Euro und Cent zu spüren bekommen."

Dieses Versprechen von Wolf Schröder ist sicher der beste Dank für Kundentreue.

Reklamationsschreiben

Wann haben Sie sich das letzte Mal über etwas geärgert? Haben Sie sich anschließend beschwert? Wenn nicht, dann machen Sie es wie die meisten Menschen: Nur 5 Prozent aller unzufriedenen Kunden reklamieren und weisen damit das Unternehmen auf ihre Unzufriedenheit hin.

Wenn Sie nicht reklamieren, geben Sie dem Unternehmen keine Chance, seine Sache beim nächsten Mal besser zu machen und Ihnen und auch anderen Kunden in Zukunft einen besseren Service zu bieten.

Damit Ihre Reklamation nicht nur eine Form von „Luft machen" ist, sondern eine konstruktive Kritik, sollten Sie in Ihren Reklamationsschreiben einige „Spielregeln" beachten:

1. Beginnen Sie Ihre Kritik/Reklamation mit etwas Positivem.
2. Sagen Sie, wenn Sie mit den bisherigen Leistungen des Unternehmens zufrieden waren.
3. Beschreiben Sie die Situation oder das Ereignis, das Sie verstimmt hat, sachlich.
4. Werden Sie nicht persönlich.
5. Verwenden Sie keine Schimpfworte.
6. Klagen Sie nicht an, sondern senden Sie Ich-Botschaften. Sagen Sie also, welche Gefühle das Ereignis in Ihnen ausgelöst hat. Zum Beispiel:
   - Ich bin darüber sehr verärgert/traurig.
   - Ich finde es sehr schade.
   - Ich bin enttäuscht.
7. Beschließen Sie Ihren Brief positiv.

Reklamation einer Falschlieferung

Kaufvertrag vom 26. August ...
Ihre Lieferung vom 29. August ...

Sehr geehrter Herr Heienbrock,

vielen Dank für die prompte Lieferung. Wie wir soeben festgestellt haben, entspricht die gelieferte Ware jedoch leider nicht unserer Bestellung. Wir haben 2 000 Meter Stromkabel dreiadrig bestellt, geliefert wurden jedoch 2 000 Meter zweiadriges Stromkabel.

Diese Ware können wir nicht verwenden und bitten Sie, sie umgehend wieder abzuholen.

Liefern Sie bitte die von uns bestellte Ware bis spätestens zum 31. August.

Sollte Ihnen die Ersatzlieferung nicht bis zu diesem Termin möglich sein, müssen wir den Auftrag wandeln und an einen anderen Lieferanten vergeben. Falls dadurch Mehrkosten entstehen, werden wir diese Ihnen gegenüber geltend machen.

Wir erwarten Ihre Stellungnahme bis spätestens morgen Abend.

Mit freundlichen Grüßen

Bau & Boden

Julius Bär
Geschäftsführer

Anlage
Kopie des Lieferscheins
Kopie der Bestellung

Reklamation bei Kauf eines Gegenstandes mit zugesicherter Eigenschaft

Wandlung des Kaufvertrages vom 24. Oktober ...

Sehr geehrter Herr Holbein,

vor fünf Tagen habe ich bei Ihnen den Labelprinter 4000 gekauft. Sie sicherten mir zu, dass der Drucker u. a. folgende Eigenschaft hat: Farbdruck auf Textilien und Textilaufklebern.

Inzwischen haben wir festgestellt, dass der Labelprinter 4000 diese von Ihnen zugesicherte Eigenschaft nicht aufweist.

Ich bestehe daher auf Wandlung des Kaufvertrags und fordere Sie hiermit auf, den Kaufpreis von 455 EUR bis zum 5. 11. ... auf mein Konto ... bei der Deutschen Bank Soest BLZ ... zu überweisen.

Sollten Sie die Rücknahme verweigern oder den Kaufpreis nicht fristgerecht zurückerstatten, werde ich gerichtlich gegen Sie vorgehen.

Der Labelprinter 4000 geht ihnen in den nächsten Tagen mit der Post zu.

Mit freundlichen Grüßen

Bernd Solbach

Antwort auf Reklamationsschreiben

Zeigen Sie dem unzufriedenen Kunden, dass sich nicht irgendjemand im Unternehmen um das Problem kümmert, sondern dass sich eine Person dafür verantwortlich fühlt, eine Lösung herbeizuführen.

Ihre Reklamation vom 7. November ...

Sehr geehrter Herr Leifert,

bei Ihrem Auftrag ist nicht alles so glatt gelaufen, wie Sie es sich sicherlich gewünscht haben und wie es normalerweise dem Standard unseres Hauses entspricht.

Ich als Ihre Kundenberaterin kümmere mich persönlich darum, dass Sie Ihre Möbel bald voll und ganz genießen können. Für den Fall, dass wir Teile bei unserem Vorlieferanten bestellen müssen, rufe ich Sie an, sobald diese eingetroffen sind, damit wir kurzfristig einen Kundendiensttermin vereinbaren können.

Gern können Sie mich auch unter der Telefonnummer ... anrufen, wenn Sie Fragen oder Wünsche haben.

Mit freundlichen Grüßen
aus München

Möbel Reinert

Gabriele Meyer
Kundenservice

PS: Wir wollen nicht nur Möbel verkaufen, sondern auch, dass Sie mit diesen Möbeln wohnen. Nur wenn Sie zufrieden sind, waren wir erfolgreich.

Schriftwechsel mit der Schule

Wenn Sie schulpflichtige Kinder haben, sind Sie sicher schon einmal in der Situation gewesen, einen Brief an die Schulleitung oder einen Lehrer schreiben zu müssen. Wussten Sie auf Anhieb, in welcher Form Sie sich an das Lehrpersonal richten sollten und welche Inhalte Ihr Schreiben haben sollte?
Damit das Verfassen von „Schulbriefen" nicht unnötig viel Zeit in Anspruch nimmt, haben wir für Sie einige Musterbriefe zu den wichtigsten Anlässen zusammengestellt.

Entschuldigung für ein Schulkind

Entschuldigung

Sehr geehrter Herr Wippermann,

ich bitte Sie, das Fehlen meines Sohnes in der nächsten Zeit zu entschuldigen. Mein Sohn wird nach Auskunft des Arztes für mindestens zwei Wochen das Bett hüten müssen.

Damit er nicht zu viel vom Unterrichtsstoff verpasst, bitte ich Sie, die Hausaufgaben seinem Klassenkameraden Rüdiger Nies mitzugeben, der sie dann meinem Sohn vorbeibringen wird.

Vielen Dank.
Mit freundlichen Grüßen

Orhan Eser

Anmeldung wegen Umzugs in eine andere Stadt

Anmeldung

Sehr geehrte Damen und Herren,

bedingt durch unseren Umzug nach Leipzig möchten wir unsere Tochter Nicole, die zurzeit die 7. Klasse des Gymnasiums Schloss Overhagen in Lippstadt besucht, bei Ihnen anmelden.

Eine Kopie ihres letzten Zwischenzeugnisses legen wir bei. Sabines erster Schultag bei Ihnen wird aller Wahrscheinlichkeit nach der 15. März dieses Jahres sein.

Wenn Sie Fragen haben, erreichen Sie mich tagsüber im Büro unter der folgenden Telefonnummer: ... Wenn es weiter nichts zu klären gibt, bestätigen Sie mir bitte kurz, dass Sabine ab dem 15. März am Unterricht teilnehmen kann.

Mit freundlichen Grüßen

Dr. Hermann Löhn

Befreiung vom Religionsunterricht

Sehr geehrter Herr Direktor Brülle,

wir möchten, dass Sie unseren Sohn Matthias von der Teilnahme am Religionsunterricht befreien; er gehört keiner Konfession an.

Matthias kann entweder in diesen Freistunden nach Hause kommen oder aber seine Hausaufgaben in einer anderen Klasse unter Aufsicht erledigen.

Mit freundlichen Grüßen

Katrin und Arnold Rasch-Hülsey

Verbesserung der Aufsicht

Sehr geehrter Herr Direktor Wippermann,

in der Schultasche meines Sohnes habe ich mehrere Fotos mit nackten Frauen gefunden.

Auf mein Nachfragen hin sagte er mir, dass alle Jungen in seiner Klasse diese Bilder untereinander tauschen würden. Schlimm daran finde ich, dass anscheinend mehrere Lehrer von diesen Tauschgeschäften wissen, ohne dagegen einzuschreiten.

Sorgen Sie bitte dafür, dass alle Lehrer mehr auf solche Aktivitäten achten und auch vielleicht einmal im Unterricht über das Bild der Frau in der Gesellschaft sprechen.

Für entsprechende Maßnahmen wäre ich Ihnen sehr dankbar.

Mit freundlichen Grüßen

Gisela Blumenthal

Sonstige Briefe

Egal, ob Sie eine Strafanzeige bei der Polizei aufgeben wollen, um die Verschiebung eines Zeugentermins bitten möchten oder ob Sie verhindern wollen, dass Ihr Briefkasten mit ungebetenen Werbesendungen verstopft wird – Sie müssen Ihr Anliegen schriftlich formulieren. Auf den folgenden Seiten finden Sie einige Beispiele für solche Briefe.

Ich will keine Werbung mehr!

Sehr geehrte Damen und Herren.

ich möchte, dass mein Name und meine Anschrift aus so vielen Adressenlisten wie nur möglich gestrichen wird.

Ich weiß, dass der Deutsche Direktmarketing Verband e.V. nach Erhalt dieses Briefes meinen Namen und meine Adresse in die oben genannte Robinson-Liste aufnehmen und diese Liste seinen Mitgliedsfirmen sowie Versandhäusern und weiteren Firmen zur Verfügung stellen wird, damit diese die darin enthaltenen Adressen aus ihren Karteien entfernen können.

Ich weiß, dass der Deutsche Direktmarketing Verband e.V. sich darum bemühen wird, möglichst viele Firmen zur Streichung meines Namens und meiner Adresse zu bewegen. Allerdings weiß ich auch, dass er dabei auf freiwillige Mitarbeit der betreffenden Firmen angewiesen ist und keinerlei Zwang ausüben kann.

Für Ihre Mühe vielen Dank im Voraus.

Mit freundlichen Grüßen

Erika Garn

Strafanzeige bei der Polizei

Strafanzeige gegen unbekannt

Sehr geehrte Damen und Herren,

folgenden Diebstahl möchte ich anzeigen: Am 11. Februar ... parkte ich gegen 19:30 Uhr meinen VW Golf (SO-CE 986) vor meinem Haus in der Uhlandstraße 17.

Als ich am nächsten Morgen gegen 8 Uhr mit meinem Auto zur Arbeit fahren wollte, war es verschwunden, obwohl ich alle Türen ordnungsgemäß verschlossen und die Alarmanlage aktiviert hatte.

Nehmen Sie bitte die Ermittlungen auf und teilen Sie mir das Aktenzeichen mit, unter dem der Diebstahl bearbeitet wird, damit ich dieses an meine Versicherung weitergeben kann. Für weitere Informationen stehe ich selbstverständlich zur Verfügung.

Mit freundlichen Grüßen

Kerstin Schmidt

Dienstaufsichtsbeschwerde

Sehr geehrter Herr Stadtdirektor,

gegen den Sachbearbeiter Herrn Franz-Josef Büse lege ich Dienstaufsichtsbeschwerde ein.

Seit über fünf Monaten versuche ich, von Herrn Büse eine Auskunft zu einer einfachen Bauanfrage zu bekommen. Auf meine vier Schreiben habe ich bisher keine einzige Antwort erhalten.

Als ich Herrn Büse in Ihrem Amt aufsuchte und ihn um Stellungnahme bat, sagte er lediglich, dass er Wichtigeres zu tun hätte und dass ich schon noch von ihm hören würde. Während dieses „Gespräches" las er zudem weiter in seiner Zeitung.

Ich hoffe, dass Sie diesem Sachverhalt nachgehen und Herrn Büses Verhalten rügen.

Bitte bestätigen Sie mir den Eingang meiner Beschwerde und veranlassen Sie eine Bearbeitung meiner Bauanfrage.

Mit freundlichen Grüßen

Jürgen Kirchhof

Verschiebung eines Zeugentermins

Zeugenladung am 24. Oktober ... (Jahreszahl)
Heinrich./.Knoop

Sehr geehrte Damen und Herren,

im Streitfall Heinrich gegen Knoop bin ich für den 24. Oktober als Zeuge geladen worden. Genau an diesem Tag ist es mir jedoch nicht möglich zu erscheinen, da ich vom 18. Oktober bis zum 4. November auf Ibiza Urlaub mache. Diese Reise habe ich lange vor Erhalt der Zeugenladung gebucht. Die Buchungsbestätigung meines Reisebüros lege ich dem Brief bei.

Ich bin gerne bereit, vor oder nach meinem Urlaub zur Sache auszusagen. Bitte laden Sie mich zu einem anderen Termin und bestätigen Sie mir, dass ich den jetzigen Termin nicht wahrnehmen muss.

Mit freundlichen Grüßen

Frank Jasper

Spendenaufrufe

An das Geld anderer Leute zu gelangen, ist gar nicht so einfach. Vor allen Dingen in der heutigen Zeit, wo eine Katastrophe der nächsten folgt und Spendenaufrufe an der Tagesordnung sind.
Die Menschen, die bereit sind zu spenden, wissen häufig nicht, wo ihr Geld am besten aufgehoben ist. Deshalb müssen Sie in Ihrem Spendenaufruf deutlich machen, warum ausgerechnet Ihr Anliegen eine Spende Wert ist.
Wir zeigen Ihnen, worauf es ankommt.

Spendenaufruf für eine Wohltätigkeitsveranstaltung

Der Preis ist heiß! Ihre Werbung auch?

Sehr geehrte Damen und Herren,

bereits mehrmals haben Sie unser Stadtteilfest mit einer großzügigen Spende unterstützt.

Auch dieses Jahr wird das Stadtteilfest wieder einer der Höhepunkte des Jahres werden. Da wir durch unsere Rücklagen im gesamten Kreis Werbung machen können, rechnen wir mit noch mehr Gästen als in den beiden letzten Jahren.

Wir würden uns sehr freuen, wenn Sie uns auch diesmal wieder mit einer Sach- oder Geldspende unterstützen.

Als Spender haben Sie natürlich die Möglichkeit, Ihr Angebot während der drei Festtage allen Gästen zu präsentieren.

Hinzu kommt, dass Sie als „Sponsor“ auf all unseren Werbeplakaten namentlich genannt werden.

Wir danken für Ihre Hilfe.

Mit freundlichen Grüßen

Marianne Schulz

Spendenaufruf für eine Geldspende an ein Kinderheim

Die Kinder sind eure Zukunft

Liebe Mitbürgerinnen und Mitbürger,

auch ganz in Ihrer Nähe gibt es Kinder, die Ihre Hilfe benötigen.

Helfen Sie unserem kleinen Kinderheim mit Ihrer Spende, damit wir unseren Mädchen und Jungen nicht nur das Lebensnotwendige geben, sondern Ihnen auch einmal ein paar Tage Ferien bieten können.

Dieses Jahr möchten wir mit ihnen für eine Woche an die Ostsee fahren. Die meisten unserer Kinder haben Berlin noch nie verlassen. Und das Meer hat bisher noch keins von ihnen gesehen! Auch gesundheitlich wird ihnen ein Ostseeaufenthalt sehr gut tun.

Geben Sie Ihrem Herzen einen Stoß, und bringen Sie Freude in das Kinderheim St. Elisabeth!

32 Kinder werden es Ihnen danken.

Ihre Spende für das Kinderheim St. Elisabeth:
Spendenkonto ...
Berliner Bank, BLZ ...

Mit freundlichen Grüßen

Schwester Agnes

PS: Selbstverständlich erhalten Sie von uns eine Spendenquittung.

Schreiben rund um die Steuer und das Finanzamt

„Jeder zweite Steuerbescheid ist falsch". Dies sollte Grund genug sein, Ihre Steuerbescheide vom Finanzamt eingehend zu prüfen und bei Fehlern auch zu beanstanden.

Einspruch gegen einen Steuerbescheid mit Begründung

Steuernummer: ...
Ihr Steuerbescheid vom 23. März ...

Sehr geehrte Damen und Herren,

gegen den oben genannten Steuerbescheid lege ich hiermit Einspruch ein.

Zur Begründung:

In meiner Steuererklärung für das Jahr... haben Sie meine von mir angegebenen Kilometer zu meiner täglichen Arbeitsstätte ohne jeden ersichtlichen Grund um mehr als 500 Kilometer gekürzt.

Bitte senden Sie mir eine Begründung für diese Kürzung zu oder rechnen Sie mir die Kilometer voll an.

Gleichzeitig beantrage ich Aussetzung des Vollzugs des angefochtenen Bescheides.

Mit freundlichen Grüßen

Rainer Toppers

Antrag auf beschleunigte Bearbeitung

Steuernummer: ...

Sehr geehrte Damen und Herren,

Sie erhalten heute meine Einkommensteuererklärung für das Jahr ... Bitte bearbeiten Sie meine Steuererklärung bevorzugt, da ich aus den folgenden Gründen eine hohe Steuererstattung erwarte:

Ich habe im letzten Jahr einen beruflich bedingten Umzug gehabt und außerdem habe ich geheiratet. Da ich in den nächsten zwei Monaten eine Eigentumswohnung kaufen möchte, brauche ich das Geld der Steuerrückzahlung dringend.

Für Ihre Mühe vielen Dank im Voraus.

Mit freundlichen Grüßen

Reiner Koller

Einspruch gegen einen Steuerbescheid

Hinweis: Legen Sie den Einspruch innerhalb der Rechtsmittelfrist ein, denn nach Ablauf der Rechtsmittelfrist von vier Wochen ist der Bescheid rechtskräftig und damit nicht mehr änderbar.

Steuernummer: ...
Ihr Steuerbescheid vom 23. März ... (Jahreszahl)

Sehr geehrte Damen und Herren,

gegen den oben genannten Steuerbescheid lege ich hiermit Einspruch ein. Eine ausführliche Begründung folgt in den nächsten Tagen.

Mit freundlichen Grüßen

Rainer Toppers

Bitte um Fristverlängerung

Steuernummer: ...

Sehr geehrte Damen und Herren,

wegen eines Unfalls und des damit verbundenen Krankenhausaufenthalts konnte ich meine Einkommensteuererklärung für das Jahr ... nicht fristgerecht abgeben.

Da ich im nächsten Monat einen vierwöchigen Kuraufenthalt zur Rehabilitation absolvieren muss, komme ich auch in dieser Zeit nicht dazu, meine Steuererklärung abzugeben.

Ich bitte Sie deshalb um eine Fristverlängerung von zwei Monaten.

Für Ihr Entgegenkommen vielen Dank im Voraus.

Mit freundlichen Grüßen

Ernst Lubig

Rücknahme eines Einspruchs

Steuernummer: ...

Sehr geehrte Damen und Herren,

mit diesem Schreiben nehme ich meinen Einspruch gegen den von Ihnen erstellten Steuerbescheid vom 23. März zurück.

Mit freundlichen Grüßen

Rainer Toppers

Schriftverkehr während des Studiums

Während der universitären Ausbildung kommt es immer einmal wieder vor, dass Sie sich schriftlich an den Dekan oder den Professor wenden müssen.

Wichtig bei Briefen rund ums Studium ist, dass Sie immer Ihre Immatrikulationsnummer angeben und möglichst präzise formulieren. Bei Nichtteilnahme an Klausuren wie in unserem Briefbeispiel oder anderen Entschuldigungen sind Beweise, weshalb eine Teilnahme nicht möglich war, unerlässlich.

Anfrage zur Immatrikulation

Einschreibe-Informationen

Sehr geehrte Damen und Herren,

ich möchte im Wintersemester ... das Studium der Medizin an der Privatuniversität Witten Herdecke aufnehmen. Senden Sie mir bitte Informationen darüber, welche Unterlagen dazu erforderlich sind.

Einen frankierten Rückumschlag lege ich bei.

Vielen Dank für Ihre Mühe im Voraus.

Mit freundlichen Grüßen

Erich Schuller

Benachrichtigung wegen Nichtteilnahme an einer Klausur

Krankmeldung Klausurtermin

Sehr geehrter Dekan,

wegen eines Autounfalls konnte ich an der von mir belegten Klausur Strafrecht für Anfänger I am 23. Oktober nicht teilnehmen.

Ich bitte Sie, mein Fehlen zu entschuldigen.

Ein ärztliches Attest füge ich bei.

Mit freundlichen Grüßen

Walter Benteler

Matrikel Nummer: ...

Korrespondenz beim Umzug

Wenn Sie umziehen, egal, ob geschäftlich oder privat, sollten Sie auf gar keinen Fall versäumen, einen Nachsendeantrag bei Ihrem Postamt auszufüllen. Ein halbes Jahr lang wird Ihnen dann die Post, die noch an Ihre alte Adresse gerichtet ist, an die neue Anschrift nachgesandt. Nach Ablauf des halben Jahres kann der Nachsendeantrag nochmals um sechs Monate verlängert werden.

Zusätzlich möchten Sie möglicherweise Geschäftspartner und Freunde über Ihren Umzug informieren. Bei geschäftlichen Briefen sollten Sie das Anschreiben immer mit ein paar werbenden Zeilen für Ihr Unternehmen verbinden.

Ob geschäftlicher oder privater Umzug: Denken Sie daran, Ihre neue, vollständige Adresse anzugeben inklusive Ihrer neuen Telefon- und Faxnummer. In der heutigen Zeit ist es auch empfehlenswert, auf einen E-Mail-Anschluss hinzuweisen, falls vorhanden.

Einweihungsparty nach einem Umzug

Umzugsparty

Liebe Ines, lieber Matthias,

es ist geschafft!

Der tonnenschwere Umzug in meine neue Wohnung hat zwar länger gedauert, als mir lieb war, aber nun ist endlich alles vorbei.

Ich habe jetzt eine schöne Altbauwohnung mit Parkett, Stuckdecken und einem großen Balkon.

Ich lade euch deshalb herzlich zu meiner Einweihungsfeier am 16. November ab 19:30 Uhr in die Kastanienallee 21 ein. Bei Fragen oder Problemen erreicht ihr mich unter meiner neuen Telefonnummer: …

Ich freue mich riesig, wenn ihr kommt.

Gruß

Euer

Hendrick

Mitteilung über die neue Geschäftsadresse

Endlich in neuen Räumen

Sehr geehrte Damen und Herren,

ab dem 1. Dezember … finden Sie uns in unseren neuen Räumen in der Lippe-Galerie:
Barbara Moden
In der Lippe-Galerie 2a
59555 Lippstadt
Telefon: …
Fax: …

Wir hoffen, dass wir Sie auch in unseren neuen Räumen begrüßen können und Ihnen unser neues erweitertes Angebot genauso gut gefällt wie die vergangenen Kollektionen.

Neu für Sie eingerichtet haben wir auch unsere Änderungsschneiderei mit ihrem Schnelländerungsservice.

Ein weiterer Vorteil für Sie sind die Parkplätze in der Tiefgarage, die Sie als unsere Kunden natürlich kostenlos nutzen können.

Schauen Sie doch einfach einmal in den nächsten Tagen vorbei und nutzen Sie unsere starken Eröffnungsangebote.

Wir freuen uns auf Ihren Besuch!

Ihr Barbara-Moden-Team

Barbara Schreiter

Neue Privatadresse

Achtung! Ich bin umgezogen

Lieber Franz Josef,

es ist geschafft! Ich habe meine kleine Wohnung auf dem Land gekündigt und auch schon verlassen. Mein neues Domizil liegt in der Stadtmitte von München und ist nur 700 Meter vom Stachus entfernt.

Ich verfüge nun über drei Zimmer mit Küche, Diele und Bad sowie einen wunderschönen Balkon und einen bezahlbaren Tiefgaragenplatz.

Obwohl ich hier erst seit zwei Wochen wohne, fühle ich mich schon wie zu Hause.

Ich bin mir sicher, dass du in nächster Zeit einmal vorbeischauen möchtest, nachdem ich dich so neugierig gemacht habe.

Hier meine neue Adresse:
Dirk Müller
Prielmayerstraße 6
80335 München

Meine neue Telefonnummer kann ich dir erst in den nächsten Wochen mitteilen, da die Telekom hier in München anscheinend nicht so schnell ist.

Viele Grüße

Dirk Müller

PS: Natürlich kannst du mich immer noch auf elektronischem Wege erreichen: DirkMuller@compuserve.com

Neue Telefonnummer

Jetzt bin ich jederzeit erreichbar

Lieber Andreas,

nun hat die grenzenlose Kommunikation auch mich erreicht Damit u mich weltweit und rund um die Uhr erreichen kannst, habe ich mir ein Handy gekauft.

Für deine Adresskartei habe ich dir alle Kommunikationsmöglichkeiten zusammengeschrieben:

Gert Kollasch
Am Schlossgraben 15
59555 Lippstadt
Tel.: ... (mit Anrufbeantworter)
Fax: ...
Handy: ...
E-Mail: ...

Von nun an gibt es keine Ausreden mehr, dass du mich nicht erreichen konntest.

Melde dich!

Viele Grüße

dein

Gert Kollasch

Vereinsbriefe

Vereinsleben bedeutet nicht nur gesellschaftliches Miteinander, Freude und Vergnügen. Ein Verein will organisiert und geführt sein. Beispiele für Briefe, die in diesem Zusammenhang anfallen könnten, finden Sie auf den folgenden Seiten.

Begrüßung eines neuen Mitglieds

Herzlich willkommen

Lieber Herr Hovermann,

im Namen aller Mitglieder des Oldtimer und Schlepper Vereins „Lanz Bulldog" begrüße ich Sie als neues aktives Mitglied.

Da Sie mit Ihrem Kramer KLS 140 über einen besonders schönen Schlepper verfügen, sind Sie und Ihr Traktor sicherlich eine unserer Attraktionen bei unserer nächsten Vereinsversammlung.

Zusätzlich zu unserer Aufnahmebestätigung habe ich Ihnen noch unsere Mitgliederliste kopiert, damit Sie jeden Ihrer Vereinskollegen anrufen können, wenn Sie Fragen haben oder Hilfe brauchen.

Natürlich können Sie sich bei Problemen auch jederzeit an mich wenden.

Mit freundlichen Grüßen

Ingo Schmidt

1. Vorsitzender Lanz Bulldog e.V.

PS: Wussten Sie, dass im Dezember ein großes Kramer-Treffen in Nürtingen stattfindet?

Mitgliederrundschreiben

An alle Mitglieder

Sehr geehrte Mitglieder,

hier nun für alle diejenigen, die an der letzten Vereinssitzung nicht teilnehmen können, ein kurzer Überblick.

- Rüdiger Nies ist gemäß unserer Vereinsstatuten mit einer 55-prozentigen Mehrheit zum neuen Vorsitzenden gewählt worden.
- Er hat nach seiner Wahl ein 100-Liter-Bierfass für das nächste Vereinsfest gespendet.
- Die Öffnungszeiten des Vereinslokals werden im Sommer bis auf weiteres auf 24:00 Uhr verlängert.
- Britta Schweintz wird ab dem 1. August die Bewirtschaftung unseres Vereinslokales übernehmen.

Ich hoffe, wir werden uns bei der nächsten Gelegenheit alle wieder einmal sehen. Bis dahin wünsche ich allen Mitgliedern einen schönen und erholsamen Sommer.

Mit kameradschaftlichen Grüßen

Ingrid Suddendorf
Schriftführerin

Rundschreiben zur Beitragserhöhung

Liebe Vereinsmitglieder,

leider ist die Miete für unsere Vereinsräume erhöht worden. Dank der steigenden Mitgliederzahlen konnten wir die Mieterhöhung noch so eben auffangen. Da wir jedoch für das nächste Jahr schon einiges an Material bestellt haben, kommen wir dieses Jahr um eine Beitragserhöhung nicht herum. Wir hoffen jedoch, dass wir im nächsten Jahr den Beitrag wieder senken können.

Die neuen Jahresbeiträge sind ab dem 1. Januar... gültig und betragen:

- für Schüler, Studenten, Wehrdienstleistende und Kriegsdienstverweigerer: 50 Euro
- für Erwachsene: 150 Euro
- für Senioren ab 65 Jahren: 30 Euro

Ich hoffe im Namen des Vorstandes auf Ihr Verständnis.

Mit freundlichen Grüßen

Ingo Ulbricht
Kassierer

Kündigung der Vereinsmitgliedschaft

Kündigung meiner Vereinsmitgliedschaft

Sehr geehrte Damen und Herren,

ich kündige heute meine Vereinsmitgliedschaft zum nächstmöglichen Termin. Bestätigen Sie mir bitte schriftlich meine Kündigung und den letzten Tag meiner Mitgliedschaft.

Mit freundlichen Grüßen

Udo Hoffmann

Schriftwechsel mit Versicherungen

Die Korrespondenz mit Versicherungen ähnelt häufig Behördenbriefen. Eine Versicherung will alles immer ganz genau wissen wie zum Beispiel Mitgliedsnummer, Vertragsnummer und Ähnliches.
Achten Sie deshalb bei Ihrer Versicherungskorrespondenz stets darauf, alle erforderlichen Angaben zu machen, damit Ihr Schreiben schnell bearbeitet werden kann.

Inanspruchnahme einer Reisekostenrücktrittsversicherung

Reisekostenrücktrittsversicherung RKV 234-197-S

Sehr geehrte Damen und Herren,

leider musste ich meine zweiwöchige Amerika-Reise, die bei Ihnen mit einer Reisekostenrücktrittsversicherung abgesichert war, kurzfristig wegen einer Krankheit absagen. Der Reiseveranstalter hat mir jedoch Stornogebühren in Höhe von 423,80 EUR in Rechnung gestellt.

Ich bitte um Überweisung der angefallenen Stornogebühren auf mein Konto, Nr. ... bei der Stadtsparkasse Rostock, BLZ ...

Ein Attest meines Arztes füge ich diesem Schreiben bei.

Für Ihre Mühe vielen Dank im Voraus

Mit freundlichen Grüßen

Werner Schmidt

Inanspruchnahme einer Krankenhaustagegeldversicherung

Krankenhaustagegeldversicherung 234-k-789-zkv

Sehr geehrte Damen und Herren,

vom 24. Juli bis zum 10. August dieses Jahres habe ich stationär im Evangelischen Krankenhaus in Lippstadt gelegen. Eine Bestätigung meines Krankenhausaufenthaltes füge ich diesem Brief bei.

Bitte überweisen Sie mir das Krankenhaustagegeld für den gesamten Zeitraum auf mein Konto bei der Volksbank Bad Waldliesborn, Kontonummer: ..., BLZ ...

Für Ihre Mühe vielen Dank im Voraus.

Mit freundlichen Grüßen

Reiner Krieger

Änderung der Bezugsberechtigung in einer Lebensversicherung

Lebensversicherungsvertrag: 234-3384-H-34/1976

Sehr geehrte Damen und Herren,

in meiner Lebensversicherung bei Ihnen habe ich bisher als Bezugsberechtigte Frau Katrin Glitt, Leopoldstr. 315, 80807 München angegeben.

Setzen Sie bitte ab heutigem Datum als neue Bezugsberechtigte Frau Janette Brühl, Friedrichstraße 22, 80801 München ein.

Bestätigen Sie mir bitte kurz diese Änderung.

Für Ihre Mühe vielen Dank im Voraus.

Mit freundlichen Grüßen

Ferdinand Steuer

Korrespondenz anlässlich des Wehrdienstes

Wenn Sie eine Einberufung erhalten, einen Termin zur Musterung oder andere ähnliche „Einladungen", haben Sie die Möglichkeit, „dankend" abzulehnen und zu hoffen, dass die Antwort auf Ihr Schreiben in Ihrem Sinne ausfällt.

Beachten Sie:

Reagieren Sie unmittelbar und zögern Sie Ihr Schreiben nicht hinaus, denn wenn Sie eine Einspruchsfrist nicht einhalten, hat Ihr Anliegen keine Aussicht auf Erfolg.

Fügen Sie, wann immer möglich, schriftliche Beweise zur Untermauerung Ihrer Angaben bei oder nennen Sie Zeugen, die Ihre Aussage unterstützen. Es gilt: Nicht kleckern, sondern klotzen!

Antrag für einen neuen Musterungstermin

Sehr geehrte Damen und Herren,

ich habe von Ihnen einen Termin zur Musterung am 16. August in Arnsberg bekommen. An dem von Ihnen festgelegten Datum kann ich jedoch leider nicht antreten, da ich meinen Jahresurlaub in diesem Jahr vom 4. bis 28. August genommen und auch schon ine Fernreise nach Ägypten gebucht habe. Eine Kopie meiner Buchungsbestätigung füge ich bei.

Bitte nennen Sie mir einen neuen Termin. Am besten würde mir und meinem Arbeitgeber ein Freitag passen.

Für Ihre Mühe vielen Dank im Voraus.

Mit freundlichen Grüßen

Ernst Luberstädter

Anlage

Antrag auf Rückstellung vom Wehrdienst

Sehr geehrte Damen und Herren.

am 26. Januar ... erhielt ich von Ihnen den Einberufungsbescheid zum 01. Juli ... Auf Grund meiner derzeitigen Ausbildung beantrage ich jedoch die Rückstellung meiner Einberufung bis zum 1. Januar ...

Ich habe am 1. Januar dieses Jahres eine Ausbildung zum Koch im Restaurant „Zum Löwen". Bahnhofstr. 7, 09130 Chemnitz begonnen.

Wenn ich zum 01. Juli ... meinen Wehrdienst antreten würde, müsste ich meine Ausbildung abbrechen. Einen neuen Ausbildungsplatz könnte ich in diesem Restaurant, das zu den besten seiner Klasse gehört, frühestens erst wieder in drei Jahren bekommen, aber selbst das ist nicht sicher.

Durch meine sofortige Einberufung hätte ich erhebliche berufliche Nachteile, die sich durch eine Verschiebung des Eintrittsdatums vermeiden ließen.

Für Ihre Mühe und einen positiven Bescheid vielen Dank im Voraus.
Mit freundlichen Grüßen

Rüdiger Ahlke

Anlagen
Kopie meines Ausbildungsvertrages

Widerspruch gegen den Musterungsbescheid

Ihr Musterungsbescheid vom 6. April ...

Sehr geehrte Damen und Herren,

gegen den von Ihnen erlassenen Musterungsbescheid lege ich Widerspruch ein.

In Ihrem Bescheid werde ich als wehrdiensttauglich mit dem Tauglichkeitsgrad T4 eingestuft. Dies ist jedoch nicht der Fall. Ich leide an starkem Asthma, auf das ich den Arzt bei der Musterung hingewiesen habe. Zusätzlich habe ich eine Hausstaub-, Milch- und Eiweißallergie.

Für beide Krankheiten füge ich ein Attest meines Hautarztes bei.

Den Eingang meines Widerspruchs bitte ich mir zu bestätigen und erneut meine Wehrdiensttauglichkeit zu prüfen.

Mit freundlichen Grüßen

Richard Koller

Weihnachtsbriefe

Weihnachten ist nicht nur die Zeit des Kommerz, sondern nach wie vor die Zeit der großen Gefühle. Menschen, an die man lange nicht mehr gedacht hat, kommen uns in den Sinn, Kontakte werden aufgefrischt sowohl im geschäftlichen als auch im privaten Bereich.

„Wenn wir uns nicht zu Weihnachten melden, ja wann denn sonst", so denken viele. Und schließlich stimmt es: Besser Sie melden sich anlässlich des bevorstehenden Weihnachtsfestes bei einem Menschen, den Sie ein wenig aus den Augen verloren haben, als dass Sie sich überhaupt nicht melden.

Im Geschäftsleben hat ein Weihnachtsgruß die gleiche Aufgabe wie im privaten Bereich. Wir möchten uns in Erinnerung rufen und gleichzeitig denken wir dabei natürlich auch an mögliche bevorstehende Geschäfte, deren Abschluss uns der freundliche Gruß erleichtern soll.

Damit Ihr Weihnachtsbrief seine Wirkung nicht verfehlt, hier die wichtigsten Tipps:

- Weihnachten ist zwar die Zeit der großen Gefühle, achten Sie jedoch darauf, dass Ihr Brief nicht schwülstig wirkt.
- Weihnachtsbriefe werden am besten mit der Hand geschrieben.
- Verwenden Sie auch hier bitte keine Floskeln.
- Die Länge eines Weihnachtsbriefs hängt von Ihrem Verhältnis zum Empfänger ab. Je persönlicher der Kontakt ist, desto umfangreicher wird der Brief.

Weihnachtsbrief der Eltern an ihre Kinder

Frohe und glückliche Weihnachten

Liebe Schwiegertochter,
lieber Sohn,

wir wünschen euch für das bevorstehende Weihnachtsfest von ganzem Herzen eine fröhliche und besinnliche Zeit. Wenn die Post ihr Versprechen hält, müsste euer Weihnachtspaket noch rechtzeitig ankommen. Da das gerade in der Vorweihnachtszeit fraglich ist, senden wir euch sicherheitshalber vorab die herzlichsten Weihnachtsgrüße.

Für euch ist es das erste Jahr, in dem ihr nicht in einem eurer Elternhäuser feiert. Bei eurem jungen Glück sind wir uns aber sicher, dass die ersten gemeinsamen Weihnachtstage ein Erlebnis sind und ihr euren jungen Hausstand so richtig genießen könnt.

Auch für uns ist es diesmal ungewohnt ohne dich, lieber Jochen. Aber zum Glück sehen wir dich und Maike am zweiten Weihnachtsfeiertag bei Tante Liese.

Viele liebe Grüße senden euch

eure Eltern

Vorweihnachtsbrief

Bis Weihnachten dauert es nicht mehr lange

Liebe Kinder,

Weihnachten steht wieder einmal vor der Tür und wir sind gespannt, wer von unseren Kindern und Enkelkindern dieses Jahr durch unsere Tür kommt.

Wir freuen uns auf euch – falls ihr jedoch dieses Jahr mit eurem kleinen Moritz das Weihnachtsfest zu Hause feiern möchtet, dann verstehen wir das natürlich. Ihr braucht nicht glauben, dass ihr der Tradition wegen zu uns kommen müsst. Wir standen vor 27 Jahren vor dem gleichen Problem und unsere Eltern haben es damals nicht verstanden, dass wir nicht mit der ganzen Familie feiern wollten

Wo immer ihr am 24. Dezember feiern werdet, wir wünschen euch ein schönes erstes Weihnachtsfest in eurer kleinen Familie.

Viele liebe Grüße senden euch

Mama und Papa

PS: Für einige Tipps rund um das Weihnachtsgeschenk für Klaus wären wir sehr dankbar.

Weihnachtsbrief an einen guten Kunden

Ihre Zufriedenheit auch für ... (Jahreszahl) – das ist unser Weihnachtswunsch

Sehr geehrter Herr Benteler,

Weihnachten ist die Zeit der Wünsche und der Geschenke, aber auch des Dankes:

Wir danken für Ihr Vertrauen.

Im letzten Jahr haben Sie 36 mal auf unsere Leistungsfähigkeit und unseren Kundenservice vertraut. Das freut uns, motiviert uns und macht uns auch etwas stolz.

Unser Weihnachtswunsch für dieses Jahr ist, dass Sie auch ... (Jahreszahl) mit unseren Leistungen so zufrieden sind wie bisher.

Sehr geehrter Herr Benteler, Ihnen und Ihrer Familie wünsche ich ein besinnliches Weihnachtsfest und einen guten Rutsch ins neue Jahr.

Mit weihnachtlichen Grüßen aus Nürnberg

Horst Niebauer

PS: Das kleine Päckchen soll Ihnen und Ihrer Familie die Weihnachtszeit etwas „geistreich" versüßen.

Kurzer Weihnachtsbrief an einen Arbeitskollegen

Weihnachten ist wieder da

Lieber Herr Schmidt,

die Zeit der Plätzchen, Tannenbäume, Geschenke und des gemütlichen Beisammenseins mit der Familie beginnt. Für die Festtage wünsche ich Ihnen eine schöne und geruhsame Zeit im Kreis Ihrer Lieben.

Als wohltuend und angenehm dürften auch Sie die kommenden Tage empfinden, besonders nach dem enormen Weihnachtsgeschäft in diesem Jahr.

Auf ein erfolgreiches ... – und dass wir unseren gemeinsamen Erfolgskurs und unsere gute Zusammenarbeit auch im nächsten Jahr fortsetzen.

Vorher wünsche ich Ihnen und Ihrer Familie ruhige und erholsame Weihnachtstage.

Ihr

Ferdinand Kersting

PS: Da ich aus eigener Erfahrung weiß, dass Sie einen guten schottischen Whisky sehr schätzen, habe ich Ihnen ein besonderes Schätzchen besorgt.

Weihnachtskarte

Das war es schon wieder einmal!

Sehr geehrte Frau Gärtner,

das Jahr ... neigt sich dem Ende zu. Eigentlich müssten 365 Tage, 52 Wochen oder 12 Monate viel länger dauern. Aber im Nachhinein ist das Jahr wieder einmal an uns vorbeigerannt.

Ich hoffe, dass es genauso interessant, aufregend, erlebnisreich und erfolgreich war wie das letzte und wünsche Ihnen und Ihrer Familie ein gesegnetes und fröhliches Weihnachtsfest sowie ein glückliches und spannendes ... (Jahreszahl).

Herzliche Grüße aus Kiel

Ihr

Horst Metteler

Werbebriefe

Das Stichwort heißt „Öffentlichkeitsarbeit". Nur wenn Ihre Kunden wissen, was Sie anzubieten haben, können sie es auch nutzen. Werbebriefe sind eine wirkungsvolle Maßnahme, um sich selbst und seine Leistungen möglichst positiv darzustellen.

Werbebrief eines Tagungshotels

Ihr Glückstreffer: Unser neu gestaltetes Hotel

Sehr geehrter Herr Hagenuck,

wir wollen Neugierde wecken und Ihnen zeigen, was in uns steckt. Bei uns finden Sie alle Annehmlichkeiten für Ihre Veranstaltungen unter einem Dach:

- Seminarräume von 30 bis 200 qm mit Tageslicht, Klimaanlage und Verdunkelungsmöglichkeiten,
- Tagungsräume mit Overheadprojektoren, Flipcharts, Lein- und Pinwänden
- und ein überzeugendes Preis-/Leistungsverhältnis.

Bei uns bekommen Sie Tagungspauschalen bereits ab 35 EUR. Wenn Sie zusätzlich übernachten wollen, bieten wir Ihnen unser Vollpensionspaket für Seminarteilnehmer zum einmaligen Sommerpreis von nur 80 EUR an.

Nehmen Sie unser Angebot an und senden Sie uns am besten noch heute Ihre Anfrage oder Anmeldung für Ihr nächstes Seminar. Am schnellsten geht es per Fax unter der folgenden Nummer: ...

Wir bedanken uns bereits jetzt für Ihr Interesse und erwarten Sie schon bald als Gast in unserem Hotel.

Mit freundlichen Grüßen

Ihre

Annegret Krause
Öffentlichkeitsarbeit

Werbebrief für ein Seminar

Präsentieren Sie effektiv und überzeugend?

Sehr geehrter Herr Steinke,

wenn Sie die obige Frage mit einem klaren „Ja“ beantworten, kann ich Ihnen nur gratulieren und Sie brauchen diesen Brief nicht weiterzulesen.

Oder möchten Sie:

- Nervosität abbauen,
- Ihr Publikum für sich gewinnen,
- überzeugend argumentieren,
- Ihren Einfluss und Ihr Ansehen steigern,
- Menschen motivieren?

Dann profitieren Sie von unserem neuen Intensivtraining „Professionelle Präsentationen“ im Steigenberger Max-Hotel vom 24. bis zum 26. Juli dieses Jahres.

Im Intensivtraining erfahren Sie, wie Sie gut durchdachte und wohl strukturierte Präsentationen vorbereiten, Ihre Nervosität abbauen, den „richtigen Draht“ zu ihren Zuhörern herstellen, Aufmerksamkeit wecken und bannen, Ihr Publikum mit einbeziehen, mit Fragen selbstbewusst umgehen und noch einiges mehr.

Erlernen Sie Tipps und Techniken für effektive Präsentationen, die Ihre Zuhörer beeindrucken und zum Handeln motivieren.

Melden Sie sich noch heute an!

Ich garantiere Ihnen: Sollten Sie nicht den Nutzen aus diesem Seminar ziehen, den wir Ihnen versprochen haben, werden wir Ihnen Ihre Teilnahmegebühr voll erstatten.

Mit freundlichen Grüßen

Dr. Michael Rüber
Akademischer Leiter

Schreiben rund um Wohnung und Miete

Wenn Sie eine Wohnung angemietet haben, kennen Sie das: Von Zeit zu Zeit ist es erforderlich, Kontakt zum Vermieter aufzunehmen. Sei es, dass Reparaturen fällig geworden sind oder Sie sich für die Anschaffung eines Haustieres entschieden haben und dafür um das Einverständnis bitten möchten.

Der Grundtenor Ihrer Briefe sollte immer freundlich sein – auch wenn es sich um eine Beschwerde handelt, denn ein gutes Verhältnis zum Vermieter erhöht die Wahrscheinlichkeit, dass Reparaturen zügig ausgeführt werden.

Haustierhaltung

Eine Rassekatze

Lieber Herr Hoffmann,

ich denke, dass Sie bisher unsere Familie als ruhig und verantwortungsvoll kennen gelernt haben.

Wir hoffen deshalb, dass Sie unseren Wunsch nach einer kleinen Edelkatze verstehen und auch akzeptieren werden.

Laut unserem Mietvertrag ist uns die Haltung von Haustieren untersagt. Wir bitten Sie jedoch, in unserem Fall den Wunsch nach einer Katze zu genehmigen.

Unsere Mitmieter haben wir bereits gefragt, ob sie etwas gegen eine Katze im Haus hätten, dieses wurde von ihnen jedoch verneint.

Mit freundlichen Grüßen

Ernst Thumann

Anfrage Parkplatzvermietung

Einstellplatz Fleischhauerstraße 22

Lieber Herr Gehlen,

wie Sie wissen, war bei unserem Einzug in die Fleischauerstraße 22 kein Einstellplatz im Hinterhof mehr frei, da alle Plätze extern vermietet waren. Da wir damals kein Auto hatten, war das auch kein Problem.

Da wir uns jedoch vor kurzem einen PKW gekauft haben, bitten wir Sie, den nächsten frei werdenden Stellplatz an uns zu vermieten.

Über eine positive Mitteilung würden wir uns sehr freuen.

Mit freundlichen Grüßen

Irmgart und Heiner Röhr

Kündigung einer Garage

Lieber Herr Klostermann,

die von mir separat angemietete Garage kündige ich fristgerecht zum 30. August ...

Wie ich jedoch von meinem Nachbarn, Herrn Luhmann, erfahren habe, ist er sehr an dieser Garage interessiert. Wenn Sie noch keine anderen Anfragen vorliegen haben, können Sie Herrn Luhmann tagsüber im Büro unter der Telefonnummer ... erreichen.

Mit freundlichen Grüßen

Joannis Georgiadis

Beschwerde an den Vermieter I

Müllerstraße 22

Lieber Herr Meerschmann,

in den letzten drei Wochen ist es mindestens siebenmal vorgekommen, dass die Haustür nachts nicht richtig schloss.

Da in der Vergangenheit in der Nachbarschaft mehrmals eingebrochen wurde, finden wir es sehr ärgerlich, dass jedermann nachts das Haus betreten kann.

Die bisherigen Reparaturversuche des Hausmeisters haben das Problem leider nicht lösen können.

Ich bitte Sie, eine Firma damit zu beauftragen, die Funktionsfähigkeit der Haustür wieder herzustellen, damit sich alle Bewohner wieder sicher fühlen können. Für eine schnelle Reparatur wären wir Ihnen alle dankbar.

Mit freundlichen Grüßen

Ernst Mittermeyer

Beschwerde an den Vermieter II

Fleischhauerstraße 12

Sehr geehrter Herr Meier,

in der Vergangenheit hat der von Ihnen festgelegte Plan zur Nutzung des Wasch- und Trockenraumes sehr gut funktioniert. Leider ist seit dem Einzug von Familie Jäger das friedliche Zusammenleben sehr gestört.

Frau Jäger nutzt fast täglich die Waschmaschine, sodass die anderen Mietparteien, die laut Plan eigentlich mit der Nutzung an der Reihe wären, keine Chance haben, ihre Wäsche zu waschen.

Wir haben bereits versucht, mit Frau Jäger über die Einhaltung des Waschplanes zu reden, was jedoch zu keinem Ergebnis führte.

Deshalb sehen wir uns leider gezwungen, Sie als Vermieter einzuschalten und Sie zu bitten, Frau Jäger auf die Hausordnung und die Waschzeiten hinzuweisen.

Wir danken für Ihre Hilfe.

Mit freundlichen Grüßen

für die Hausgemeinschaft Fleischhauerstraße 12

Sieglinde Krause

Zwischenbescheide

Auf eine Stellenanzeige folgt in der Regel eine regelrechte Flut, von Bewerbungen, die nicht sofort intensiv bearbeitet werden kann. Muten Sie dem Bewerber oder der Bewerberin keine mehrwöchige Wartezeit zu, bevor er eine Antwort Ihres Unternehmens erhält: Versenden Sie einen Zwischenbescheid, in dem Sie ihn um Verständnis und Geduld bitten.

Auch für den Zwischenbescheid gilt: Verzichten Sie auf einen floskelüberladenen, veralteten Briefstil. Erstellen Sie ein neues Standardschreiben, mit dem Sie sich von anderen Unternehmen positiv abheben.

Zwischenbescheid für eine Chefsekretärin

Ihre Bewerbung vom 12. Juni ... als Chefsekretärin

Sehr geehrte Frau Meier,

vielen Dank für Ihre Bewerbung.

Auf unsere Stellenanzeige in der „Frankfurter Allgemeinen Zeitung" haben wir insgesamt 120 Bewerbungen erhalten. Sie können sich vorstellen, dass die Bearbeitung so vieler Unterlagen noch etwas Zeit in Anspruch nehmen wird.

Wir bitten daher um Ihr Verständnis, wenn Sie erst in etwa drei Wochen mit einer Nachricht von uns rechnen können.

Mit freundlichen Grüßen

Frankfurter Allgemeine Zeitung

Dr. Horst Bongartz

Zwischenbescheid für eine Bürokauffrau

Ihre Bewerbung vom 12. Juni ... als Bürokauffrau

Sehr geehrte Frau Lehmann,

Ihre Unterlagen haben wir erhalten. Haben Sie vielen Dank.

Uns hat eine Vielzahl von Bewerbungen erreicht. Das bedeutet, dass die sorgfältige Auswertung noch etwas Zeit in Anspruch nehmen wird. Bitte haben Sie Verständnis dafür, dass wir uns deshalb erst in etwa vier Wochen wieder mit Ihnen in Verbindung setzen können.

Wir werden dann sechs Bewerber beziehungsweise Bewerberinnen zu einem Vorstellungsgespräch einladen. Sollten Sie in die engere Wahl kommen, werden wir Sie anrufen, um einen Termin mit Ihnen zu vereinbaren.

Vielen Dank für Ihre Geduld.

Freundliche Grüße

Agrolan GmbH

Ludwig Rehbein

Zwischenbescheid für einen Maschinenschlosser

Ihre Bewerbung vom 12. Juni ... als Maschinenschlosser

Sehr geehrter Herr Dakic,

vielen Dank für Ihre informative Bewerbungsmappe.

Die Resonanz auf unsere Anzeige hat unsere kühnsten Erwartungen übertroffen, sodass wir noch etwas Zeit benötigen, um alle Unterlagen sorgfältig zu lesen und auszuwerten.

Bitte haben Sie Verständnis, dass wir Ihnen erst in etwa drei Wochen sagen können, ob Sie in die engere Wahl kommen und zu einem Vorstellungsgespräch eingeladen werden.

Mit freundlichen Grüßen

Technobau GmbH

Siegfried Lohfeld

100 Tipps von A bis Z für die korrekte Briefform

A

@

Sprich: „ät“. Sonderzeichen auf der Computertastatur, das für die Adressierung von Elektronischer Post verwendet wird.
Hier ein Beispiel einer E-Mail Adresse: Hovermann@t-online.de

Abkürzungen

Verwenden Sie möglichst wenig Abkürzungen. Abkürzungen führen häufig zu Missverständnissen oder völliger Fehlkommunikation. Nur wenige Abkürzungen sind wirklich allgemein verständlich und bedenkenlos zu verwenden.
Weshalb verwenden Sie Abkürzungen? Um Zeit zu sparen? Der Zeitgewinn, wenn Sie einige Buchstaben einsparen, ist nicht gerade nennenswert.
Vermeiden Sie möglichst folgende Abkürzungen:

Abt.	Abteilung
d. M.	dieses Monats
dgl.	dergleichen
Dtzd.	Dutzend
einschl.	einschließlich
evtl.	eventuell
höfl.	höflich
lfd.	laufend/e
lt.	laut
MfG	Mit freundlichen Grüßen
o. e.	oben erwähnt
o. g.	oben genannt

v.	vom
vgl.	vergleiche
zz.	zurzeit
zgl.	zuzüglich

Beachten Sie:
Allgemein verständliche Abkürzungen, wie etwa „z. B.“, die zwei Worte abkürzen, werden mit Leerschritt geschrieben.

Absätze

Absätze müssen immer durch eine Leerzeile vom vorhergehenden Text getrennt werden.
Verzichten Sie bei Ihren Absätzen auf die folgenden Möglichkeiten:

- Halbe Leerzeilen (entsprechender Computerbefehl bei der Textverarbeitung).
- Einzüge in der ersten Zeile des Absatzes. Dies ist nur in Werbebriefen und Pressemitteilungen üblich.

Damit Ihre Briefe nicht an Übersichtlichkeit einbüßen, achten Sie darauf, dass ein Absatz nicht mehr als etwa neun Zeilen umfasst.

Anführungszeichen

Anführungszeichen kommen zur Anwendung, wenn Sie im Text Buch- oder Zeitschriftentitel, Zitate oder direkte Rede verwenden. Sie werden ohne Leerschritt vor und hinter den jeweiligen Textteil gesetzt.
Sie können zwei Arten von Anführungszeichen – gerade und typographische – verwenden.
Gerade Anführungszeichen:
„Das Sekretärinnen-Handbuch“ – der Praxisratgeber fürs Sekretariat.
Typographische Anführungszeichen:
„Das Sekretärinnen-Handbuch“ – der Praxisratgeber fürs Sekretariat.

Anlagevermerk

Der Anlagevermerk steht entweder mit einem Abstand von drei Leerzeilen hinter der Grußformel oder mit einer Leerzeile Abstand von der maschinenschriftlichen Wiederholung des Unterzeichners oder der Firmenbezeichnung entfernt.
Wenn Sie die einzelnen Anlagen aufführen oder auch nur eine einzige Anlage vermerken, können Sie das Wort „Anlage“ oder „Anlagen“ durch Fettdruck optisch abheben.
Achtung: Dem Wort „Anlage“ folgt kein Doppelpunkt.
Wenn Sie am unteren Blattrand nicht mehr genügend Platz haben, können Sie den Anlagevermerk rechts neben die Grußformel setzen. Der Abstand vom linken Rand bis zum Anlagevermerk sollte dann 125,7 Millimeter betragen.

Beispiele zur korrekten Schreibweise des Anlagevermerks:

Mit freundlichen Grüßen

Richter KG

Martin Gerber

Anlage

Mit freundlichen Grüßen

Richter KG

Martin Gerber

Anlagen
Lieferschein
1 Prospekt
2 Warenproben

Mit freundlichen Grüßen

Richter KG

Martin Gerber

Anlagen

Anrede

Die Briefanrede steht im Brief linksbündig und mit einem Abstand von zwei Leerzeilen zum Betreff und einer Leerzeile zum folgenden Text. Die Anrede endet in der Regel mit einem Komma. Das erste Wort des folgenden Brieftextes wird klein geschrieben, es sei denn, es handelt sich um ein Substantiv.

Allgemeine Anreden, wie zum Beispiel „Sehr geehrte Damen und Herren“ sollten Sie nur verwenden, wenn Sie die Namen der Ansprechpartner nicht kennen. Ist Ihnen der Name hingegen bekannt, sprechen Sie den Empfänger unbedingt persönlich an.

Was halten Sie davon, die Anrede einmal anders zu gestalten? Eine mögliche Formulierung, mit der Sie nichts falsch machen und die sich sowohl für Behördenschreiben als auch für geschäftliche Erstkontakte eignet, ist beispielsweise:

Guten Tag, sehr geehrte Frau Heinze,

Veraltet hingegen ist die Verwendung von „Sehr verehrte/r Frau/Herr“. Drucken Sie Ihre Verehrung nur aus, wenn Sie tatsächlich jemanden verehren.

Wenn Sie mehrere Personen anreden:

Angenommen, Sie müssen einen Brief an einen Herrn und seine Mitarbeiterin schicken. Also an einen Vorgesetzten und eine Dame, die ihm unterstellt ist. Wen reden Sie zuerst an? Die Dame oder den Herrn?

Im geschäftlichen Bereich gilt: Hierarchie vor „die Dame zuerst“. Wenn der Herr der Vorgesetzte ist, sähe Ihre Anrede deshalb so aus:

Sehr geehrter Herr Westerwald, sehr geehrte Frau Richter,

Bei sehr langen Namen können Sie die beiden Anreden auch untereinander schreiben:

Sehr geehrter Herr Westerwald-Oberstedt,
sehr geehrte Frau Dr. Zimmermann-Eickhölter,

Wenn die Dame einen Titel trägt und in der Hierarchie unter dem Herrn steht, ändert es nichts daran, dass sie als Zweite genannt wird. *Im Privatleben gilt:* Reden Sie die Dame zuerst an!

Übersicht über häufig gebrauchte Titel in Anreden und Anschriften

Titel, Stand, Rang, Beruf	Briefanschrift	Schriftliche Anrede
Abgeordnete/r des Europäischen Parlaments	Mitglied des Europäischen Parlaments Herrn/Frau (Vorname, Name)	Sehr geehrte Frau Abgeordnete/ Sehr geehrter Herr Abgeordneter
Abt	Dem Hochwürdigen Abt von	Hochwürdiger Herr
Äbtissin	Der Hochwürdigen Frau Äbtissin	Hochwürdige Frau Äbtissin
Attaché	Herrn/Frau (Vorname, Name) Attaché bei der (Land) Botschaft/ Gesandtschaft	Sehr geehrte/r Herr/Frau (Familienname)
Aufsichtsrats-vorsitzende/r einer AG	Herrn/Frau Aufsichtsrats-vorsitzende/n der AG	Sehr geehrter Herr Aufsichtsratsvorsitzender/ Sehr geehrte Frau Aufsichtsratsvorsitzende

Titel, Stand, Rang, Beruf	Briefanschrift	Schriftliche Anrede
Ausschussvorsit-zende/r des Deutschen Bundestages	Vorsitzende/r des ... ausschusses (des Ausschusses für ...) des Deutschen Bundes-tages Herrn/Frau (Vorname, Name)	Sehr geehrte/r Herr/Frau Vorsitzende/r
Außerplanmäßige/r, Außerordentliche/r, Ordentliche/r Professor/in	Herrn/Frau Universitätspro-fessor/in Dr. (Vorname, Name) ... Universität	Sehr geehrte/r Herr/Frau Professor (Familienname)
Baron/in	(Vorname) Baron/in von (Nachname)	Sehr geehrte/r Baron/in (Nachname ohne „von") oder: Sehr geehrte/r Herr/Frau von (Nachname)
Botschafter/in	Botschafter/in der Bundesrepublik Deutsch-land in (Land) Herrn/Frau (Vorname, Name)	Sehr geehrte/r Herr/Frau Botschafter/in
Botschafter/ in der UNESCO	Botschafter/in der UNESCO in (Land) Herrn/Frau (Vor-name, Name)	Sehr geehrte/r Herr/Frau Botschafter/in
Botschaftsrat/rätin	Botschaftsrat/-rätin bei der Botschaft der Bundes republik Deutschland in (Land) Herrn/Frau (Vorname, Name)	Sehr geehrte/r Herr/Frau Botschaftsrat/rätin
Botschaftssekretär/ in	Botschaftssekretär/in bei der (Land) Botschaft Herrn/Frau (Vorname, Name)	Sehr geehrte/r Herr/Frau (Familienname)

Titel, Stand, Rang, Beruf	Briefanschrift	Schriftliche Anrede
Bundeskanzler/in	Herrn/Frau Bundeskanzler/in (Vorname, Name) oder (der Bundesrepublik Deutschland) Herrn/Frau (Vorname, Name)	Sehr geehrte/r Herr/Frau Bundeskanzler/in
Bundesminister/in	Bundesminister/in der/des (Ressort), Herrn/Frau (Vorname, Name)	Sehr geehrte/r Herr/Frau Bundesminister/in oder: Sehr geehrte/r Herr/Frau Minister/in
Bundespräsident/in	Herrn/Frau Bundespräsidenten/in Zusatz nur im internationalen Schriftverkehr: der Bundesrepublik Deutschland (Vorname, Name)	Hochverehrte/r Sehr verehrte/r Herr/Frau Bundespräsident/in
Bundesratspräsident/in	Präsident/in des Bundesrates Herrn/Frau (Vorname, Name)	Sehr geehrte/r Herr/Frau Bundesratspräsident/in
Bürgermeister	Herrn/Frau Bürgermeister/in (Vorname/Name)	Sehr geehrte/r Herr/Frau Bürgermeister/in
Bürgermeister/in (Bremen)	Präsident/in des Senats der Freien und Hansestadt Bremen Herrn/Frau (Vorname, Name)	Sehr geehrte/r Herr/Frau Bürgermeister/in
Bürgermeister/in in (Hamburg)	Präsident/in des Senats der Freien und Hansestadt Hamburg Herrn/Frau (Vorname, Name)	Sehr geehrte/r Herr/Frau Präsident/in
Dekan	Dekan der ... Fakultät ... Universität Herrn/Frau Professor Dr. (Vorname, Name)	Sehr geehrte/r Herr/Frau Professor (Familienname)

Titel, Stand, Rang, Beruf	Briefanschrift	Schriftliche Anrede
Direktor/in des Bundesrates	Direktor/in des Bundesrates Herrn/Frau (Vorname, Name)	Sehr geehrte/r Herr/Frau Bundesratsdirektor/in
Direktor/in einer AG	Direktor/in der ... AG Herrn/Frau (Vorname, Name)	Sehr geehrte/r Herr/Frau Direktor/in
Fraktionsvorsitzende/r	Fraktionsvorsitzende/n der Fraktion ... Herrn/Frau (Vorname, Name)	Sehr geehrte/r Herr/Frau Fraktionsvorsitzende/r Herr/Frau (Familienname)
Freiherr/Freifrau	(Vorname) Freiherr/Freifrau von (Nachname) oder: Freiherrn/Freifrau von (Nachname)	Sehr geehrte/r Freiherr/Freifrau (Nachname ohne „von“) oder: Sehr geehrte/r Herr/Frau von (Nachname)
Fürst/in	Seiner/Ihrer (ggf. Königlichen) Hoheit oder: Seiner/Ihrer Hoheit oder: Fürst/in Vorname, Adelstitel, Nachname)	Hoheit oder: Durchlaucht oder: Sehr geehrte/r Fürst/in
Generalbundes-, Generalstaatsanwalt/wältin	Herrn/Frau Generalbundesanwalt/wältin Generalstaatsanwalt/wältin (Vorname, Name)	Sehr geehrte/r Herr/Frau Generalbundesanwalt/wältin Generalstaatsanwalt/wältin
Generaldirektor/in	Generaldirektor/in der ... AG Herrn/Frau (Vorname, Name)	Sehr geehrte/r Herr/Frau Generaldirektor/in
Generalkonsul/in	Generalkonsul/in bei der Botschaft oder dem Konsulat (Land)	Sehr geehrte/r Herr/Frau Generalkonsul/in

Titel, Stand, Rang, Beruf	Briefanschrift	Schriftliche Anrede
Generalsekretär/in der NATO	Generalsekretär/in der NATO Herrn/Frau (Vorname, Name)	Sehr geehrte/r Herr/Frau Generalsekretär/in
Gesandte/r	Gesandte/n der Bundesrepublik Deutschland Herrn/Frau (Vorname, Name)	Sehr geehrte/r Herr/Frau Gesandte/r
Gesandtschaftssekretär/in	Gesandtschaftssekretär/in bei der (Land) Botschaft Herrn/Frau (Vorname, Name)	Sehr geehrte/r Herr/Frau (Familienname)
Geschäftsführer/in	Geschäftsführer/in Herrn/Frau (Vorname, Name)	Sehr geehrte/r Herr/Frau (Familienname)
Graf/Gräfin	Vorname Graf/Gräfin von (Nachname)	Sehr geehrte/r Graf/Gräfin Familienname ohne „von“
Gymnasial-, Fachschul-, Realschul-, Volkshochschuldirektor/in	Herrn/Frau Gymnasialdirektor/in etc. (Vorname, Name)	Sehr geehrte/r Herr/Frau Direktor/in
Herzog/in	Herrn/Frau (Vorname) Herzog/in von (zu) (Name)	Sehr geehrte/r Herzog/in von (zu) (Name)
Honorarkonsul/in	Honorarkonsul/in von/des/der (Land) Herrn/Frau (Vorname, Name)	Sehr geehrte/r Herr/Frau (Familienname)
Kardinal	Seiner Eminenz (dem Hochwürdigsten) Herrn (Vorname) Kardinal (Name) Erzbischof/Bischof von ...	Eminenz/ Sehr verehrter Herr Kardinal
Konrektor/in	Konrektor/in der (Schule, Hochschule)	Sehr geehrte/r Herr/Frau (Familienname)

Titel, Stand, Rang, Beruf	Briefanschrift	Schriftliche Anrede
Konsul/in	Konsul/in von/der/des (Land) Herrn/Frau (Vorname, Name)	Sehr geehrte/r Herr/Frau (Familienname)
Kreisdirektor/in (Ober-)	Kreisdirektor/in (Ober-) des Landkreises (Kreis) Herrn/Frau (Vorname, Name)	Sehr geehrte/r Herr/Frau (Familienname)
Kreistags-vorsitzende/r	Vorsitzende/n des Kreistages Herrn/Frau (Vorname, Name)	Sehr geehrte/r Herr/Frau Kreistagsvorsitzende/r
Kurator/in einer Universität	Kurator/in der ... Universität Herrn/Frau (Vorname, Name)	Sehr geehrte/r Herr/Frau (Familienname)
Landesbischof/bischöfin	Landesbischof/bischöfin der (Landeskirche) Herrn/Frau (Vorname, Name)	Sehr geehrte/r Herr/Frau Landesbischof/bischöfin
Landesgerichtsrat/rätin	Name des Gerichts in (Ort) Herrn/Frau (Titel) (Vorname, Name)	Sehr geehrte/r Herr/Frau (Familienname)
Landesminister/in	Minister/in der/des (Ressort) des Landes ... Herrn/Frau (Vorname, Name)	Sehr geehrte/r Herr/Frau Minister/in
Landrat/rätin	Landrat/rätin des (Landkreises) Herrn/Frau (Vorname, Name)	Sehr geehrte/r Herr/Frau Landrat/rätin
Landtags-präsident/in	Präsidenten/in (des ... Landtages) Herrn/Frau (Vorname, Name)	Sehr geehrte/er Herr/Frau Landtagspräsident/in

Titel, Stand, Rang, Beruf	Briefanschrift	Schriftliche Anrede
Militärattaché	Deutscher im Ausland: Militärattaché an der Botschaft der Bundesrepublik Deutschland in (Land) Herrn (Vorname, Name)	Sehr geehrter Herr (Familienname)
Militärattaché	Ausländer in Deutschland: Militärattaché an der Botschaft des (Land) in der Bundesrepublik Deutschland Herrn (Vorname, Name)	Sehr geehrter Herr (Familienname)
Ministerial-direktor/in	Bundesministerium für (Ressort) Herrn/Frau Ministerialdirektor/in (Vorname, Name)	Sehr geehrte/r Herr/Frau Ministerialdirektor/in
Ministerpräsident/in	Ministerpräsidenten/in des Landes ... Herrn/Frau (Vorname, Name)	Sehr geehrte/r Herr/Frau Ministerpräsident/in
Mitglied der Europäischen Kommission	Mitglied der Europäischen Kommission Herrn/Frau (Vorname, Name)	Sehr geehrte/r Herr/Frau Kommissar/in
Mitglied des Deutschen Bundestages/Landtages	Mitglied des Deutschen Bundestages (des Landtages von ...) Herrn/Frau (Vorname, Name)	Sehr geehrte/r Herr/Frau Abgeordnete/r
Mönch (Bruder)	(Dem Ehrwürdigen) Bruder (Vorname, Name)	Ehrwürdiger Bruder (Vorname)
Monsignore (vom Papst verliehener Ehrentitel)	Monsignore (Vorname, Name)	Sehr geehrter Monsignore (Name)
Nonne (Schwester)	(Der Ehrwürdigen) Schwester (Vorname, Name)	Ehrwürdige Schwester (Vorname)

Titel, Stand, Rang, Beruf	Briefanschrift	Schriftliche Anrede
Notar/in	Herrn/Frau Notar/in (ggf. Dr.) (Vorname, Name)	Sehr geehrte/r Herr/Frau (ggf. Dr.) (Familienname)
Nuntius	Seiner Exzellenz dem Apostolischen Nuntius	Exzellenz/Sehr geehrter Herr Nuntius
Oberbürger-meister/in	Oberbürgermeister/in der Stadt Herrn/Frau (Vorname, Name)	Sehr geehrte/r Herr/Frau Oberbürgermeister/in
Oberin	(Der Ehrwürdigen) Oberin des ... (Orden) Frau (Vorname, Name)	Ehrwürdige Frau Oberin/ Sehr geehrte Frau Oberin
Professor/in	Herrn/Frau Professor/in (ggf. Dr.) (Vorname, Name)	Sehr geehrte/r Frau/Herr Professor/in (Vorname, Name)
Oberlandes-gerichtsrat/rätin	Name des Gerichts in (Ort) Herrn/Frau (Titel) (Vorname, Name)	Sehr geehrte/r Herr/Frau Dr. (Familienname)
Oberstaatsanwalt/wältin	Name des Gerichts in (Ort) Herrn/Frau (Titel) (Vorname, Name)	Sehr geehrte/r Herr/Frau Dr. (Familienname)
Oberstadtdirektor/in	Oberstadtdirektor/in der Stadt ... Herrn/Frau (Vorname, Name)	Sehr geehrte/r Herr/Frau Oberstadtdirektor/in
Oberstudien-direktor/in	Herrn/Frau Oberstudiendi-rektor/in (Vorname, Name)	Sehr geehrte/r Herr/Frau (Familienname)
Papst	Seiner Heiligkeit Papst ... (Città del Vaticano)	Heiliger Vater oder Eure Heiligkeit
Parlamentarische/r Geschäftsführer/in	Parlamentarische/n Geschäftsführer/in der (Partei) Herrn/Frau (Vorname, Name)	Sehr geehrte/r Herr/Frau Abgeordnete/r

Titel, Stand, Rang, Beruf	**Briefanschrift**	**Schriftliche Anrede**
Pastor/in	Herrn/Frau Pastor/in (Vorname, Name)	Sehr geehrte/r Herr/Frau Pastor/in (Familienname)
Prälat	Herrn Prälaten (Vorname, Name)	Sehr geehrter Herr Prälat
Präsident/in der Europäischen Kommission	Seiner/Ihrer Exzellenz dem/der Präsidenten/in der Europäischen Kommission Herrn/Frau (Vorname, Name)	Sehr geehrte/r Herr/Frau Präsident/in
Präsident/in des Bundesrechnungshofes	Präsidenten/in des Bundesrechnungshofes Herrn/Frau (Vorname, Name)	Sehr geehrte/r Herr/Frau Präsident/in
Präsident/in des Bundesverfassungsgerichts	Präsidenten/in des Bundesverfassungsgerichts Herrn/Frau (Vorname, Name)	Sehr geehrte/r Herr/Frau Präsident/in
Präsident/in des Deutschen Bundestages	Präsidenten/in des Deutschen Bundestages Herrn/Frau (Vorname, Name)	Sehr geehrte/r Herr/Frau Präsident/in
Präsident/in des Europäischen Parlaments	Präsidenten/in des Europäischen Parlaments Herrn/Frau (Vorname, Name)	Sehr geehrte/r Herr/Frau Präsident/in
Präsident/in einer Bank, Handelskammer, Wirtschaftsvereinigung o.ä.	Präsidenten/in der... GmbH Herrn/Frau Vorname, Name	Sehr geehrte/r Herr/Frau Präsident/in
Privatdozent/in (habilitiert)	Herrn/Frau Dr. habil. (Vorname, Name)	Sehr geehrte/r Herr/Frau Dr. (Familienname)
Prokurist/in eines Unternehmens	GmbH/AG Herrn/Frau Prokurist/in (Vorname, Name)	Sehr geehrte/r Herr/Frau (Familienname)

Titel, Stand, Rang, Beruf	Briefanschrift	Schriftliche Anrede
Rabbiner	Herrn Rabbiner (Vorname, Name)	Hochverehrter Herr Rabbiner (Familienname)
Rat der Evangelischen Kirche in Deutschland	Vorsitzende/n des Rates der Evangelischen Kirche in Deutschland Herrn/Frau Landesbischof/bischöfin (Vorname, Name)	Sehr geehrte/r Herr/Frau Landesbischof/bischöfin (Familienname)
Rechtsanwalt/wältin	Herrn/Frau Rechtsanwalt/wältin (Name, Vorname)	Sehr geehrte/r Herr/Frau (Familienname)
Regierende/er Bürgermeister/in (Berlin)	Regierende/n Bürgermeister/in von Berlin Herrn/Frau (Vorname, Name)	Sehr geehrte/r Herr/Frau Regierende/r Bürgermeister/in
Regierungspräsident/in	Regierungspräsident/in des Landes ... (Land) Herrn/Frau (Vorname, Name)	Sehr geehrte/r Herr/Frau Regierungspräsident/in
Rektor/in	Rektor/in der ... Universität, Herrn/Frau Professor Dr. (Vorname, Name)	Sehr geehrte/r Herr/Frau Professor/in (Familienname)
Richter/in	Richter/in beim ... (Name des Gerichts) Herrn/Frau (Vorname, Name)	Sehr geehrte/r Herr/Frau Richter/in
Richter/in des Bundesverfassungsgerichts	Richter/in des Bundesverfassungsgerichts Herrn/Frau (Vorname, Name)	Sehr geehrte/r Herr/Frau Bundesverfassungsrichter/in
Senator/in	Senator/in für ... (Ressort) des Landes ... Herrn/Frau (Vorname, Name)	Sehr geehrte/r Herr/Frau Senator/in (Vorname, Name)
Senatspräsident/in	Präsidenten/in des ... Strafsenats beim Oberlandesgericht ... Herrn/Frau (Vorname, Name)	Sehr geehrte/r Herr/Frau Senatspräsident/in

Titel, Stand, Rang, Beruf	Briefanschrift	Schriftliche Anrede
Senatsrat/rätin (Berlin, Hamburg, Bremen)	Herrn/Frau Senatsrat/rätin (Vorname, Name)	Sehr geehrte/r Herr/Frau Senatsrat/rätin
Staatsanwalt/wältin	Name des Gerichts in (Ort) Herrn/Frau	Sehr geehrte/r Herr/Frau Dr. (Familienname)
Staatsminister/in, Länder	Staatsminister/in des (Bundesland) Herrn/Frau (Vorname, Name)	Sehr geehrte/r Herr/Frau Minister/in
Staatsminister/in, Bund	Staatsminister/in	Sehr geehrte/r Herr/Frau
Staatssekretär/in (beamtet)	Staatssekretär/in des ... (Ressort) (Falls mehrere Staaatssekretäre in einem Ressort/Ministerium: im ...) Herrn/Frau (Vorname, Name)	Sehr geehrte/r Herr/Frau Staatssekretär/in
Stadtbaurat/rätin	Herrn/Frau Stadtbaurat/rätin (Vorname, Name)	Sehr geehrte/r Herr/Frau (Familienname)
Stadtdirektor/in	Stadtdirektor/in der Stadt ... Herrn/Frau (Vorname, Name)	Sehr geehrte/r Herr/Frau (Familienname)
Oberstadtdirektor/in	Ober-/Stadtdirektor/in von/der ... (Stadt) Herrn/Frau (Vorname, Name)	Sehr geehrte/r Herr/Frau Oberstadtdirektor/in
Stadtkämmerer	Kämmerer der Stadt ... Herrn/Frau (Vorname, Name)	Sehr geehrte/r Herr/Frau (Familienname)
Stadtrat/rätin	Stadtrat/rätin von der Stadt ... Herrn/Frau (Vorname, Name)	Sehr geehrte/r Herr/Frau Stadtrat/rätin (Familienname)

Titel, Stand, Rang, Beruf	Briefanschrift	Schriftliche Anrede
Superintendent/in	Herrn/Frau Superintenden-ten/in (Vorname, Name)	Sehr geehrte/r Herr/Frau Superindendent/in
Verfassungs-gerichtspräsident/in	Präsidenten/in des Bundes-verfassungsgerichts Herrn/Frau (Vorname, Name)	Sehr geehrte/r Herr/Frau Präsident/in
Verwaltungs-direktor/in einer Universität	Verwaltungsdirektor/in der ... Universität Herrn/Frau (Vorname, Name)	Sehr geehrte/r Herr/Frau (Familienname)
Verwaltungs-gerichts-präsident/in	Präsidenten/in des ... Herrn/Frau (Vorname, Name)	Sehr geehrte Herr/Frau Präsident/in
Vizepräsident/in des Bundesrates	Vizepräsidenten/in des Bundesrates Herrn/Frau (Vorname, Name)	Sehr geehrte/r Herr/Frau Präsident/in
Vizepräsident/in des Bundes-verfassungs-gerichts	Vizepräsidenten/in des Bundesverfassungs-gerichts Herrn/Frau (Vorname, Name)	Sehr geehrte Herr/Frau Präsident/in
Volks-, Grund-, Son-derschulrektor/in	Rektor/in der ... Herrn/Frau (Vorname, Name)	Sehr geehrte/r Herr/Frau Direktor/in
Vorsitzende/r einer DGB-Gewerkschaft	Vorsitzende/n der Gewerk-schaft (Bezeichnung) Herrn/Frau (Vorname, Name)	Sehr geehrte/r Herr/Frau (Familienname)
Vorsitzende/r des DGB-Bundesvor-stands	Vorsitzende/n des Bundesvorstands des ... Herrn/Frau (Vorname, Name)	Sehr geehrte/r Herr/Frau (Familienname)
Vorstandsmitglied einer AG	Vorstandsmitglied der ... AG Herrn/Frau (Vorname, Name)	Sehr geehrte/r Herr/Frau (Familienname)

Titel, Stand, Rang, Beruf	Briefanschrift	Schriftliche Anrede
Vorstandsvorsitzende/r (Institution)	Vorstandsvorsitzende/n (Institution) Herrn/Frau (Vorname, Name)	Sehr geehrte/r Herr/Frau (Familienname)
Vorstandsvorsitzende/r einer AG	Vorstandsvorsitzende/n der ... AG Herrn/Frau (Vorname, Name)	Sehr geehrte/r Herr/Frau (Familienname)
Wehrbeauftragte/r des Deutschen Bundestages	Wehrbeauftragte/n des Deutschen Bundestages Herrn/Frau (Vorname, Name)	Sehr geehrte/r Herr/Frau Wehrbeauftragte/r

Anschriften, Ausland/Auslandsanschriften

Der Aufbau der Auslandsanschriften entspricht im Wesentlichen dem Aufbau der inländischen Anschriften.
Es gibt jedoch einige Besonderheiten zu beachten. Sehr oft sieht man noch ausländische Anschriften, die wie folgt geschrieben werden:

Zeile 1:	
Zeile 2:	
Zeile 3:	Madame
Zeile 4:	Clodette Linton
Zeile 5:	Rue du Cheval 13
Zeile 6:	B-53454 Lüttich
Zeile 7:	
Zeile 8:	
Zeile 9:	

Falsch daran ist:

1. Das „B" soll nicht mehr angegeben werden, da bislang viele verschiedene Abkürzungen verwendet wurden, die nicht immer eindeutig waren. Dies verlängerte mitunter die Postlaufzeiten.
   Diese Regelung gibt es schon seit rund 10 Jahren.

2. Der Ortsname sollte nicht in Deutsch, sondern, wenn möglich, in der Landessprache geschrieben werden.
3. Der Ortsname wurde nicht in Versalien (Großbuchstaben) geschrieben.

So sieht die korrekt gestaltete Auslandsanschrift aus:

Zeile 1:	
Zeile 2:	
Zeile 3:	Madame
Zeile 4:	Clodette Linton
Zeile 5:	Rue du Cheval 13
Zeile 6:	53454 LIEGE
Zeile 7:	BELGIEN
Zeile 8:	
Zeile 9:	

Diese Regeln gelten für Auslandsanschriften:

1. Keine Leerzeilen in der Anschrift.
2. Kein Länderkennzeichen.
3. Der Ort wird in Landessprache, also „LIEGE“, „FIRENZE“ oder „BUCURESTI“ geschrieben, wenn möglich.
4. Der Ort wird in Versalien geschrieben.
5. Das Bestimmungsland steht ohne Leerzeile in deutscher Sprache in Versalien unterhalb des Bestimmungsorts.

Beachten Sie bitte: Die Neuauflage des Dudens empfiehlt eine andere Schreibweise der Adressen, nämlich noch mit dem Kürzel des Autokennzeichens vor dem Bestimmungsort. Lassen Sie sich davon nicht verwirren – orientieren Sie sich in diesem Fall an der DIN, da die DIN-Empfehlungen mit der Deutschen Post AG abgestimmt sind.

Anschriften, Inland/Inland-Anschriften

Sie haben gelegentlich oder auch häufiger mit Menschen zu tun, die einen Adelstitel, einen akademischen oder kirchlichen Titel tragen oder die in Politik und Wirtschaft ein hohes Amt bekleiden?

Dann kann es Ihnen schon einmal passieren, dass Sie sich nicht ganz sicher sind, wie Sie diese Menschen richtig anreden. Oder wüssten Sie auf Anhieb, wie die korrekte Anrede für einen Grafen oder einen Ministerpräsidenten lautet?
Die meisten Träger eines Titels legen großen Wert darauf, vollständig, also mit Nennung des Titels, angesprochen und angeschrieben zu werden. Deshalb sollten Sie immer – in der Korrespondenz, aber auch bei persönlichen Begegnungen – die richtige und vollständige Anrede verwenden.

Anschriftfeld

Im Anschriftfeld stehen Ihnen 9 Zeilen zur Verfügung plus die Zeile für die Rücksendeangabe. Für Zusätze und Vermerke sind die Zeilen 3 bis 1 reserviert. Wenn Ihnen der Platz für die Vermerke oder die Anschrift nicht ausreicht, dürfen Sie jeweils den Platz des anderen Bereichs mitnutzen.

Zusätze und Vermerke sind beispielsweise:

- Persönlich
- Nicht nachsenden
- Einschreiben
- Vorab per Fax

So sieht das korrekte Anschriftfeld aus – die Zeilennummerierungen sind nach DIN 5008.

1	Rücksendeangabe
3	Zusätze und Vermerke
2	3 Zeilen
1	
1	Anschrift – 6 Zeilen
2	
3	
4	
5	
6	

Beachten Sie: Die Zeilennummerierung ist zuerst vielleicht verwirrend, jedoch korrekt so. Wenn Sie einen einzeiligen Versendungsvermerk haben, steht dieser in Zeile 1 der Zusatz- und Vermerkzone direkt oberhalb der Anschrift.

Beispiel für ein ausgefülltes Anschriftfeld:

1	Zuber GmbH Maistraße 12 56555 Köln
3	
2	
1	Persönlich
1	Herrn
2	Ralf Geißen
3	Telko AG
4	Inselstraße 12
5	40233 Düsseldorf
6	

Ein weiteres Beispiel:

1	
3	
2	Zuber GmbH Maistraße 12 56555 Köln
1	Persönlich
1	Herrn
2	Ralf Geißen
3	Telko AG
4	Inselstraße 12
5	40233 Düsseldorf
6	

Die Rücksendeangabe und die Vermerkzone dürfen wie in dem Beispiel oben zu einer Zone „verschmelzen“. Die Vermerke wie „Persönlich“ werden dann – wie die Rücksendeangabe – in 8-Punkt-Schrift geschrieben. Durch die kleinere Schrift haben Sie dann 5 Zeilen für die Rücksendeangabe und Vermerke.

Die DIN empfiehlt für Schriften kleiner als 10 Punkt serifenlose Schriften wie Arial oder Helvetica.

1	Zuber GmbH Maistraße 12 56555 Köln
3	Nicht nachsenden
2	Einschreiben
1	Persönlich
1	Schröder GmbH
2	Herrn Bernd Schlau
3	Gebäude 3 A
4	Abteilung 3 RT/II
5	Postfach 12 34
6	83334 München

In diesem Beispiel werden die 3 Zeilen für Versendungsvermerke und das 6-zeilige Anschriftfeld voll ausgenutzt.

Aufzählungen

Wenn Sie eine Aufzählung in Ihrem Brief vornehmen, können Sie diese durch eine Leerzeile vom übrigen Text trennen. Empfehlenswert ist dies vor allem bei längeren Listen. Bei kurzen Aufzählungen können Sie auf Leerzeilen verzichten.
Aus optischen Gründen ist es empfehlenswert, Aufzählungen einzurücken. Der Abstand der Einrückungen vom linken Rand des Briefbogens sollte laut DIN 5008 49,5 Millimeter betragen.

B

Bankleitzahlen (siehe Zahlen)

Berufsbezeichnungen

Berufsbezeichnungen wie zum Beispiel Rechtsanwalt, Malermeister oder Direktor werden im Anschriftfeld gleich hinter Herr oder Frau geschrieben.

Beispiel:

Herrn Rechtsanwalt
Dr. Klaus Gärtner

Betreff

Eine Betreffzeile ist kein Muss, wenn aus Ihrem Brief eindeutig hervorgeht, worauf Sie sich beziehen. Jedoch ist gerade in größeren Firmen die Betreffzeile sehr hilfreich, um Ihr Schreiben sofort dem richtigen Empfänger zuzuleiten.

- Verzichten Sie darauf, die Betreffzeile mit „Betreff" oder mit der Abkurzung „Betr.:" einzuleiten.
- Schreiben Sie direkt, worum es in Ihrem Brief geht oder worauf Sie sich beziehen.

- Heben Sie die Betreffzeile durch Fettdruck hervor.
- Wiederholen Sie nicht im Text genau das, was Sie bereits in der Betreffzeile festgehalten haben.

Vermeiden Sie möglichst solche „Fehltritte“:
Ihr Schreiben vom 12. Januar ...

Sehr geehrter Herr Müller,
vielen Dank für Ihr Schreiben vom 12. Januar ...

Bezüglich

„Bezüglich“, „Bezug nehmend“ oder „mit Bezug auf“ sind Floskeln, die sich im Laufe der Jahre in die Korrespondenz eingeschlichen haben. Verzichten Sie nach Möglichkeit darauf.
Also nicht:
Bezüglich Ihres Schreibens vom ... bestätigen wir Ihnen, dass der Sachverhalt nunmehr geklärt ist.
Sondern so:
Vielen Dank für Ihren Brief vom 10. Februar ... Der Sachverhalt ist nun endgültig geklärt

Bezugszeichenzeile

Häufig finden Sie auf Firmenbriefbögen eine vorgedruckte Bezugszeichenzeile, in der Sie die individuellen Angaben direkt in der Zeile darunter eingeben. Achten Sie darauf, dass das jeweilige erste Zeichen der Eingabe eine Fluchtlinie mit dem jeweiligen Leitwort bildet.
Laut DIN 5008 stehen die Leitwörter auf Grad 10, 30, 50 und 70 oder entsprechend 24,1, 74,9 125,7 und 176,5 mm vom linken Blattrand entfernt. Sie befinden sich mit zwei Zeilen Abstand zum neunzeiligen Anschriftenfeld.
Verzichten Sie auf die herkömmliche Bezugszeichenzeile zugunsten des Informationsblocks (s. S. 321), wenn Sie ein neues Layout für Ihren Briefbogen erarbeiten.

Bindestrich

Kopplungen und Aneinanderreihungen werden mit dem Mittestrich als Bindestrich ohne Leerschritte durchgeführt.

Beispiele:

12-Zylinder-Motor
DIN-A4-Format
Lippstadt-Dedinghausen
Vitamin-D-Gehalt

Blocksatz

Der Blocksatz ist Ausarbeitungen, Büchern und Zeitschriften vorbehalten. Für die Korrespondenz gilt: linksbündiger Flattersatz und kein Blocksatz.

Briefanfang

Moderne Korrespondenz soll den Empfänger ansprechen. Formulieren Sie Ihren Briefanfang so, dass Sie das Interesse des Lesers mit der ersten Zeile wecken.

Verzichten Sie auf Formulierungen wie:

- Dankend erhielten wir Ihr Schreiben vom
- In Beantwortung Ihres Schreibens vom
- Wir erlauben uns, Ihnen mitzuteilen, dass
- Wir möchten Sie daran erinnern, dass

Heben Sie sich durch moderne Formulierungen von alten „Floskel-Briefen“ ab:

- Herzlichen Dank für Ihr Schreiben.
- Schön, dass Sie uns so schnell geantwortet/reagiert haben.
- Sofort im Anschluss an unser Telefonat habe ich …
- Vielen Dank für Ihre schnelle Antwort.
- Vielen Dank für Ihren Brief

Eine etwas gewagtere, aber dafür ausgefallene Formulierung, wenn Sie im Anschluss an ein Telefonat etwas versenden, das Sie dem Anderen versprochen haben, ist die folgende Version:

> Sehr geehrter Herr Berger,
>
> versprochen ist versprochen. Sie erhalten heute unseren Prospekt ...

Briefbogen

Wählen Sie den Geschäftsbriefbogen entsprechend Ihrer Unternehmenskultur: Sind Sie ein eher konservatives Unternehmen, liegen Sie mit weißem oder beigefarbenem Papier richtig. Kreative Branchen wie zum Beispiel Werbeagenturen können natürlich auch auffallende oder poppige Farben oder einen ausgefallenen Briefbogen wählen.
Bei der Auswahl von neuem privaten Brief- oder Geschäftspapier sollten Sie auch umweltfreundliches Papier in Ihre Überlegungen mit einbeziehen.

Briefende

Das Briefende ist ebenso wichtig wie der Briefeinstieg, denn auch der letzte Eindruck zählt. Wenn Ihre Korrespondenz zeitgemäß verfasst sein soll, ist es empfehlenswert, den eigentlichen Brief nicht mehr mit der Grußformel zu verbinden.

Also nicht: Wir würden uns freuen, Sie bald bei uns zu begrüßen, und verbleiben für heute

mit freundlichen Grüßen

Das mutet altmodisch an.

Andere Formulierungen, die Sie ebenfalls nicht mehr verwenden sollten, da sie weder zeitgemäß noch sonderlich innovativ wirken, sind:

- In der Hoffnung, Ihnen hiermit gedient zu haben …
- Für heute verbleiben wir …
- Ihrer baldigen Antwort entgegensehend, verbleiben wir …
- Ihrem geschätzten Auftrag entgegensehend …
- In der Hoffnung, bald wieder von Ihnen zu hören, verbleiben wir …

Mit diesen Sätzen verderben Sie den besten Brief. Diese Schlussformeln sind altmodisch und aussagelos. Oder würden Sie sich durch solche Formulierungen angesprochen fühlen?

Versuchen Sie es stattdessen mit alternativen Formulierungen wie den folgenden:

- Ich freue mich/wir freuen uns auf Ihren Anruf.
- Ich freue mich auf das Treffen mit Ihnen am 20. September …
- Ich freue mich auf ein interessantes Gespräch mit Ihnen.
- Gefällt Ihnen unser Angebot?
- Rufen Sie uns an, wenn Sie Fragen haben. Sie erreichen uns montags bis freitags von 09:00 bis 17:00 Uhr unter der Telefonnummer …
- Sie haben noch Fragen? Rufen Sie uns an! Telefon: … Ihre Kundenberaterin/Ansprechpartnerin Frau Birgit Schneider hilft Ihnen gern weiter.
- Über eine schnelle Lösung würden wir uns freuen.
- Schon heute vielen Dank für Ihr Verständnis/Ihre Mühe/Ihre Unterstützung.

Briefmarken

In den meisten Unternehmen werden Frankiermaschinen verwendet. Das ist rationeller als das umständliche Aufkleben von Briefmarken. Manchmal aber stellt sich die Frage, ob es für gewisse Schreiben nicht ratsam wäre, Briefmarken zu nehmen.

Wenn Sie die Wahl zwischen einer Frankiermaschine und Briefmarken haben, dann sind für einige Briefarten Briefmarken dem Freistempler vorzuziehen, wie zum Beispiel:

- Einladungen
- Gratulationen
- Glückwünsche
- Kondolenzbriefe

Bruchstrich

Sie können in Ihrer Korrespondenz zwischen zwei Arten von Bruchstrichen wählen:

„/“ und „___“

Beispiel:

1/4 1/6 1/8

Achten Sie darauf, dass Sie nach der Angabe eines oder mehrerer ganzer Teile einen Leerschritt verwenden.

Beispiel:

4 1/4

Sollten Sie den waagerechten Bruchstrich benutzen, verwenden Sie den Grundstrich auf der Schreibmaschinentastatur und setzen Sie ihn hoch. Der Bruchstrich beginnt mit dem ersten Zeichen des Bruchs und endet mit dem letzten. Natürlich können Sie auch den Formeleditor Ihrer Textverarbeitung benutzen, auch wenn dies möglicherweise nicht den Empfehlungen der DIN 5008 entspricht.

C

c/o

Das c/o ist eine aus dem englischen Sprachraum stammende Abkürzung und hat als ausländischer „Import“ in der deutschen Korrespondenz nichts zu suchen. Verwenden Sie es möglichst nur, wenn Sie Briefe nach Großbritannien oder Amerika versenden.
Viele Briefeschreiber glauben, „c/o“ steht für „zu Händen“. Wörtlich übersetzt heißt es aber „per Adresse“ oder „bei“. Deshalb ist die folgende, leider oft benutzte Adresse falsch:

Schreiter GmbH
c/o Britta Kluse

Übersetzt bedeutet dies, dass der Brief für die Schreiter GmbH bei Britta Kluse oder im Hause Britta Kluse abzuliefern ist. Das stimmt nicht. Das wollte der Absender auch nicht zum Ausdruck bringen.
Richtig ist dagegen:

Frau
Britta Kluse
c/o Schreiter GmbH

Dieser Brief geht nun an Frau Britta Kluse in der Firma Schreiter. Er ist, da Frau Kluse zuerst genannt wird, an sie persönlich gerichtet und darf nur von ihr geöffnet werden. Aber wie gesagt: Das „c/o“ kann im deutschsprachigen Raum grundsätzlich entfallen.

Computer

Nicht alle Briefe sollten Sie mithilfe Ihres Computers schreiben, da der PC bei einigen Gelegenheiten zu unpersönlich wirkt.
Die folgenden Briefe sollten Sie unbedingt per Hand schreiben:

- sehr persönliche Briefe, zum Beispiel Glückwünsche an enge Freunde,
- Kondolenzschreiben,

Wenn Sie nicht genügend Zeit haben, um diese Briefe handschriftlich zu verfassen, dann sollten zumindest die Anrede und der Gruß von Ihnen handgeschrieben sein.

D

Datum

Die aktuelle DIN erlaubt folgende Schreibweisen:

04.10.2009
04.10.09
4. Oktober 2009
4. Okt. 2009
2009-10-04
02-10-09

Einzig diese Darstellung des Datums findet in der DIN keine Erwähnung: 4.10.2009. Es scheint, als wäre die „0" vor der „4" ein zwingender Bestandteil.

Empfehlung:
Die alphanumerische Schreibweise, also 4. Oktober 2009, ist immer noch die beste Variante. Vor allem für die Nennung des Datums im fortlaufenden Text können und sollten Sie die alphanumerische Schreibweise verwenden. Vor allen Dingen vermeiden Sie Missverständnisse, die Sie bei der Schreibweise 09-03-04 kaum umgehen können.

Diktatzeichen

Die DIN 5008 regelt die Schreibweise des Diktatzeichens nicht. In der Praxis hat sich allerdings folgende Schreibweise durchgesetzt:

- Diktatzeichen werden in Kleinbuchstaben geschrieben.
- Die Zeichen der Bearbeiter und der Autoren werden durch einen Bindestrich getrennt.

- Gibt es mehrere Autoren, dann werden diese durch einen Schrägstrich getrennt.

Beispiel für einen Autor und eine Schreibkraft: bd-rt
Beispiel für mehrere Autoren und eine Schreibkraft: ch/bd-rt

Diktieren

Das Fonodiktat hat das klassische Stenogramm mittlerweile fast verdrängt. Zu Recht?
Eines steht fest: Das Stenogramm ist wesentlich unrationeller als die Verwendung eines Diktiergeräts, da beim Stenogramm zwei Personen gleichzeitig beschäftigt sind. Allerdings bietet der persönliche Kontakt zum Diktierenden während der Stenogrammaufnahme die Möglichkeit, Einfluss auf Formulierungen zu nehmen. Außerdem ist es die ideale Gelegenheit, um im Anschluss gleich andere Dinge zu klären, die im Tagesgeschäft sonst möglicherweise untergehen.
Da das Diktat über ein Diktiergerät aber immer häufiger angewandt wird, haben wir wichtige Tipps zusammengestellt, die jemand, der regelmäßig diktiert, sich auf jeden Fall zu Herzen nehmen sollte.
Sekretärinnen haben beispielsweise mit zu leise eingestellten Diktiergeräten zu kämpfen, mit leeren Batterien, mit schlechter Aussprache und Nebengeräuschen und vielem mehr. Dabei könnte das Fonodiktat mit geringem Aufwand optimiert werden.

- Diktieren Sie, wenn möglich, nicht bei 180 km/h auf der Autobahn. Die Nebengeräusche selbst in einem Wagen der Luxusklasse sind auf dem Band so stark zu hören, dass die Schreibkraft Schwierigkeiten hat, das Gesprochene zu verstehen und richtig zu übertragen.
- Achten Sie auf die Batterieanzeige des Diktiergerätes. Wenn sie rot leuchtet, diktieren Sie vergeblich, denn Ihre Stimme wird beim Abspielen kaum noch zu vernehmen sein.
- Sagen Sie zu Beginn des Diktats, worum es sich handelt: Um einen Brief, einen Entwurf, einen Vertrag usw.
- Wenn Sie etwas sehr Dringendes diktieren, „verstecken“ Sie es nicht auf einem Band inmitten von anderen weniger eiligen Texten.

Nehmen Sie eine gesonderte Kassette zur Hand, die Sie Ihrer Sekretärin mit einem Terminvermerk geben.

- Sprechen Sie lieber zu laut als zu leise.
- Bemühen Sie sich um eine klare Aussprache.
- Buchstabieren Sie Eigennamen und Fremdwörter mithilfe des Buchstabieralphabets.

Machen Sie auch Angaben zu:

- Welches Papier oder Formblatt soll benutzt werden?
- Welche Versendungsart wird gewünscht?
- Falls sich das wichtigste Schreiben am Ende des Bandes befindet, versäumen Sie nicht, die Schreibkraft, die das Diktat umsetzt, darauf hinzuweisen.
- Sagen Sie vorab, an wen sich das Schreiben richtet.

Das deutsche Buchstabieralphabet:

A	Anton	O	Otto
Ä	Ärger	Ö	Ökonom
B	Berta	P	Paula
C	Cäsar	Q	Quelle
Ch	Charlotte	R	Richard
D	Dora	S	Samuel
E	Emil	Sch	Schule
F	Friedrich	T	Theodor
G	Gustav	U	Ulrich
H	Heinrich	Ü	Übermut
I	Ida	V	Viktor
J	Julius	W	Wilhelm
K	Kaufmann	X	Xanthippe
L	Ludwig	Y	Ypsilon
M	Martha	Z	Zeppelin
N	Nordpol		

DIN 5008

Die DIN 5008 soll laut des Ausschusses für Normung dazu beitragen, „die Dateneingabe zu erleichtern, Schreibarbeiten einzusparen, eine Verarbeitung der Informationen zu ermöglichen und die Übertragung der Daten zwischen unterschiedlichen Geräten sicherzustellen."

Ferner steckt hinter der DIN 5008 das Bestreben, Schriftstücke lesefreundlich, zweckmäßig und übersichtlich zu gestalten.

Für Briefe rein privater Natur spielen einige Empfehlungen der DIN eine eher untergeordnete Rolle.

So können Sie beispielsweise die empfohlenen Randeinstellungen vernachlässigen, zumal Sie viele Briefe sowieso mit der Hand schreiben werden.

Was Sie aber auch bei Ihren privaten Schreiben – berücksichtigen sollten, sind die Empfehlungen zur Gestaltung der Anschrift. Denn nur so werden Ihre Briefe von den automatischen Lesemaschinen der Post akzeptiert und schnell weitergeleitet.

DIN 676

Die DIN 676 ist die Deutsche Industrie Norm für die Gestaltung von Briefbögen. Es gibt zwei unterschiedliche Formblätter: Formblatt A und Formblatt B.

Die vollständige DIN 676 erhalten Sie in Ihrer Buchhandlung. Herausgebender Verlag ist der Beuth Verlag in Berlin.

Für privates Briefpapier hat die DIN 676 keine Bedeutung!

Doktor

Trägt der Empfänger Ihres Schreibens einen Doktortitel, sollten Sie ihn sowohl in der Anschrift als auch in der Anrede verwenden. In beiden Fällen wird der Titel abgekürzt

Beispiel:

Herrn

Dr. Siegfried Ruf

Sehr geehrter Herr Dr. Ruf,

Durchwahlnummern (siehe Zahlen)

E

Einrücken

Einrückungen bieten sich in der Korrespondenz immer dann an, wenn Textpassagen besonders hervorgehoben werden sollen.
Achten Sie darauf, dass Sie die Einrückung jeweils mit einer Leerzeile von dem übrigen Text absetzen. Die Einrückung selber beginnt auf Grad 20, das heißt 49,5 mm vom linken Blattrand entfernt.
In der Praxis hat sich durch den Einsatz der Computer die Einrückung mittels des Tabulators durchgesetzt, auch wenn dies nicht mit den genauen Millimeterangaben der DIN 5008 übereinstimmt.

Elektronische Post

Auch, wenn es beim Schreiben einer E-Mail meistens schnell gehen soll, achten Sie trotzdem auf eine korrekte Rechtschreibung. Damit Ihre Empfänger sich besser orientieren können, geben Sie Ihrer Nachricht eine aussagekräftige Betreffzeile. Kreative Betreffzeilen, die für Briefe durchaus geeignet sind, wären bei einer E-Mail nicht angebracht.
Auch bei E-Mails sollten Sie höflichkeitshalber Anreden und Grußformeln verwenden.

E-Mail-Adressen

Eine E-Mail-Adresse gehört mittlerweile zum guten Ruf eines jeden Unternehmens. Deshalb sollten Sie bei keiner Kommunikation darauf verzichten, sie anzugeben. Bei Briefen steht sie entweder in der Bezugszeichenzeile oder im Infoblock. Je nachdem, wie Ihr Briefbogen aufgebaut ist.

Etiketten

Adressetiketten sind bei umfangreichen Sendungen wie etwa Werbeschreiben oder Rundschreiben, bei denen Sie keine Sichtfensterumschläge verwenden, eine wirkliche Arbeitserleichterung.
Allerdings sind Briefe mit Adressetiketten nicht immer passend. Verwenden Sie deshalb keine Etiketten bei den folgenden Schreiben:

- Gratulationsschreiben
- Kondolenzbriefen
- offiziellen Einladungen
- privaten Schreiben

F

Faksimile

Bei einem Faksimile handelt es sich um die originalgetreue Wiedergabe einer Unterschrift. In der Praxis wird dies durch Stempel erreicht. Verwenden Sie den Stempel nur in Absprache mit dem „Eigentümer der Unterschrift“. Denn Schriftstücke, die mit Faksimile-Stempel „unterschrieben“ sind, haben die gleiche Rechtsgültigkeit wie original unterschriebene Dokumente. Halten Sie den Stempel deshalb sicher verschlossen.
Setzen Sie den Stempel nur dann ein, wenn es wirklich nicht anders geht, da eine Faksimile-Unterschrift mit einem guten Auge immer noch erkennbar ist und deshalb unpersönlich wirkt.

Fax (siehe Telefax)

Fettschrift

Gehen Sie grundsätzlich sparsam mit Hervorhebungen durch Fettschrift um.

Diese Markierungsmöglichkeit eignet sich für die Betreffzeile oder auch für Hervorhebungen im Text, zum Beispiel um ein Datum besonders zu kennzeichnen, damit der Empfänger es auf keinen Fall übersieht.

Je mehr Worte Sie aber durch Fettschrift, Kursivdruck und Unterstreichungen besonders hervorheben, desto verwirrender wird das Schreiben und desto geringer ist die Aussicht darauf, dass Sie Ihre Absicht, auf etwas besonders aufmerksam zu machen, erreichen.

Firma

Wenn Sie an ein Unternehmen schreiben, sollte dies in der Anschrift zu erkennen sein. Folgendes gibt es zu beachten: Viele Unternehmen sind bereits anhand ihres Namens als Firma zu identifizieren. Die Nennung des Wortes „Firma“ in der Anschrift entfällt deshalb.

Beispiel:

Hubert Schwarz GmbH

Nicht immer ist jedoch aus der offiziellen Bezeichnung eines Unternehmens zu erkennen, dass es sich um eine Firma handelt. In solchen Fällen, sollten Sie „Firma“ in der Adresse ergänzen.

Beispiel:

Firma

Margret Rüters

Das Wort „Firma“ wird heutzutage nicht mehr abgekürzt!

Folgeseiten

Besteht Ihr Brief aus mehr als einer Seite und möchten Sie auf die nachfolgenden Seiten hinweisen, müssen Sie auf der ersten Seite unten rechts mit drei kleinen Punkten darauf hinweisen. Die drei Punkte stehen am Fuße des Brieftextes mit einem Abstand von mindestens einer Leerzeile zum Brieftext.

Gerade bei Briefen mit rechtlich verbindlichem Inhalt ist es sehr sinnvoll, die nächste Seite des Geschäftsbriefes mit der folgenden rechtsbündigen Kopfzeile zu versehen:

Seite 2 von 10 zum Schreiben an Wilhelm Biermann vom 20. Oktober …

Fragezeichen (siehe Satzzeichen)

Freistempler

Gerade bei viel Geschäftskorrespondenz ist ein Freistempler eine wirkliche Arbeitserleichterung. Aber nicht alle Sendungen sollten Sie mit einem Freistempler freimachen.

Verwenden Sie bei den folgenden Briefen Briefmarken:

- Einladungen
- Gratulationsschreiben
- Kondolenzbriefe
- Glückwünsche

Fremdwörter

Fremdwörter halten fast unmerklich Einzug in unsere Sprache. Besonders, wenn man Fachmann oder Fachfrau auf einem bestimmten Gebiet ist, besteht die Gefahr, dass man Worte verwendet, die für „Insider" selbstverständlich, für Nichtfachleute hingegen unverständlich sind.

Anglizismen, branchenspezifische Ausdrücke, Fach-Abkürzungen und lateinische Wörter gehören zu den Standardfremdwörtern, die wir zwar verwenden, die aber die Kommunikation mit anderen Menschen stören, da sie nicht von allen verstanden werden.

Gehen Sie kritisch mit sich ins Gericht: Verwenden Sie Fremdwörter nicht aus der Motivation heraus, Intelligenz oder Sachkenntnis beweisen zu wollen. Genau der gegenteilige Eindruck kann beim Empfänger

Ihres Briefes entstehen, wenn er ihn nur mühsam oder überhaupt nicht versteht.
Anders sieht es aus, wenn Sie mit Fachleuten korrespondieren. In diesem Fall kann die Verwendung von Fachbegriffen die Verständigung erleichtern und den Textumfang verkürzen.

Füllwörter

Überprüfen Sie Ihre Korrespondenz auf überflüssige Wörter, denn diese bauschen Ihre Schreiben nur unnötig auf. Gern und viel zu oft werden folgende Füllwörter gebraucht:

- also
- an sich
- diesbezüglich
- durchaus
- eben
- ja auch
- nämlich
- natürlich
- nunmehr
- ohnehin
- praktisch
- sowieso
- sozusagen
- vielmehr

G

Gästebuch

Auf Jubiläen, Vernissagen, Geschäftseröffnungen und ähnlichen Veranstaltungen ist die Wahrscheinlichkeit groß, dass ein Gästebuch ausliegt. Dem Gastgeber würden Sie mit einer Widmung eine Freude machen;

doch viele Gäste lassen das Gästebuch links liegen, weil sie nicht wissen, was sie schreiben sollen.
Andere ringen sich nur zur Datumsangabe und Unterschrift durch. Das ist zwar in Ordnung, aber nicht besonders originell.
Also, was schreibt man nun in ein Gästebuch? Es muss nichts besonders Witziges oder Originelles sein. Auf gar keinen Fall gehört dieser Spruch hinein:
Ich such' nach einem Spruch
für dieses Gästebuch.
Aber nein, mir fällt nichts ein,
drum lass' ich's lieber sein.
Warum schreiben Sie nicht einfach etwas Nettes über die Veranstaltung? Die Texte könnten zum Beispiel folgendermaßen lauten:

Ich bin gern hier gewesen – eine wirklich gelungene Veranstaltung.
Vielen Dank.
Datum, Unterschrift

Herzlichen Dank für den sehr netten Abend. Wir werden uns bei euch mit einer Einladung revanchieren.
Datum, Unterschrift

Alles war perfekt: die Organisation, das Essen, die netten Gäste.
Vielen Dank für diese gelungene Veranstaltung.
Datum, Unterschrift

Wir haben uns sehr wohlgefühlt – vielen Dank.
Datum, Unterschrift

Gedankenstrich

Den Gedankenstrich setzen Sie mit einem normalen Mittestrich. Setzen Sie je einen Leerschritt vor und nach dem Strich. Satzzeichen folgen dem zweiten Gedankenstrich ohne einen Leerschritt.
Beispiel: Ich weiß – das heißt, ich glaube zu wissen –, dass ein Porsche sehr schnell ist.

Gegen-Zeichen

Das Zeichen „./." für „gegen" wird fast nur im Rechtsverkehr verwendet. Setzen Sie vor und hinter das Zeichen je einen Leerschritt:
Beispiel: Knoop ./. Heinrich

Grußformeln

„Mit freundlichen Grüßen" ist eine der Grußformeln, die sich heute noch in sehr vielen Privat- und Geschäftsbriefen wieder findet. Die Grußformel wird immer durch eine Leerzeile vom Text abgesetzt.
Vermeiden Sie die folgenden altmodischen Grußformeln:

- Mit vorzüglicher Hochachtung
- … und verbleiben mit freundlichen Grüßen
- Bis dahin verbleiben wir …
- Für heute verbleiben wir mit freundlichem Gruß
- Hochachtungsvoll
- Im Voraus bestens dankend empfehlen wir uns

Verwenden Sie doch einmal eine der folgenden Grußformeln:

- Wir freuen uns auf Ihre Antwort
- Wir freuen uns, bald von Ihnen zu hören
- Mit freundlichen Grüßen
- Mit freundlichem Gruß

Möglich sind auch die folgenden modernen und individuellen Formulierungen, mit denen Sie sicher positiv auffallen:

- Mit freundlichen Grüßen aus München
- Mit herzlichen Grüßen nach Gera
- Freundlich grüßt Sie
- Mit weihnachtlichen Grüßen
- Mit den besten Wünschen für ein schönes Wochenende

H

Handschrift

In der Geschäftskorrespondenz ist Handschriftliches eher unüblich. Trotzdem gibt es einige Ausnahmen, in denen von Hand geschriebene Zeilen nicht nur praktisch, sondern manchmal sogar besser ist:

- Kondolenzbriefe schreibt man besser von Hand.
- Persönlicher wirken Kurzbriefformulare, wenn Sie sie um ein paar handschriftliche Worte ergänzen.
- Antworten auf eingegangene Faxe, das ist einfacher und schneller für Sie und den Empfänger.

Herr/Herrn

Neuerdings empfehlen immer mehr Korrespondenzexperten, in der Anschrift „Herr Klaus Gärtner" anstelle von „Herrn Klaus Gärtner" zu schreiben.
Allerdings: Die Anschrift entspringt der früheren, veralteten Schreibweise „An Herrn". Auf das „An" verzichtet man heute. Doch der Akkusativ, „an wen geht der Brief?" bleibt erhalten. Deshalb ist es nach wie vor korrekt, „Herrn Klaus Gärtner" zu schreiben.

Hervorhebungen

Zu den Hervorhebungen gehören Fett- und Kursivdruck sowie Unterstreichungen. Gehen Sie in der normalen Korrespondenz nicht zu verschwenderisch damit um, da es das Schriftbild stört. Lesen Sie dazu auch unter dem Stichwort „Fettdruck" nach.

I

i. A.

Diese Abkürzung bedeutet „im Auftrag" und kennzeichnet eine Unterschriftsvollmacht. Achten Sie darauf, dass Sie zwischen die beiden Buchstaben einen Leerschritt setzen.

Ich

„Briefe beginnen nicht mit ich, nur der Esel nennt sich immer zuerst", lautet eine alte Bauernregel. Doch diese „Weisheit" ist zum Glück der modernen Korrespondenz zum Opfer gefallen. So ist es heutzutage kein Fehler mehr, wenn Sie Ihren Brief mit einem „ich" oder „wir" beginnen.
Wenn Sie jedoch in Ihrem Brief den Empfänger mit „Sie" direkt ansprechen, anstatt sich schon am Briefanfang mit einem „ich" in den Vordergrund zu drängen, dann schreiben Sie empfängerorientierte Briefe, die sicherlich gern gelesen werden.

So nicht:	Besser:
Ich schicke Ihnen heute	Sie erhalten heute
Wir bieten Ihnen fünf verschiedene Modelle an	Sie können unter fünf verschiedenen Modellen wählen

Die Bevorzugung des „Sie" bedeutet nicht, dass Sie sich grammatikalisch verbiegen müssen, um ein „ich" in jedem Fall zu vermeiden.

Manchmal ist ein „ich“ sogar sehr ausdrucksstark, beispielsweise:

> Ich kümmere mich persönlich darum, dass die Ware noch diese Woche bei Ihnen eintrifft.

Informationsblock

Der Informationsblock ist mit der überarbeiteten DIN 5008 an die Stelle der bisherigen Bezugszeichenzeile getreten. Sie können die Ihnen bekannte Zeile zwar noch weiterverwenden, doch der Informationsblock wird als die bessere Alternative empfohlen.

Mit der neuen Regelung soll der Empfänger eines Briefes alle für ihn wichtigen Informationen auf einen Blick erhalten. Für die Geschäftskorrespondenz ist die Verwendung des Informationsblocks sehr zu empfehlen. Im privaten Bereich ist er weniger sinnvoll.

Und so sieht der Ersatz für die Bezugszeichenzeile aus:

> Ihr Zeichen:
> Ihre Nachricht vom:
> Unser Zeichen:
> Unsere Nachricht vom:
>
> Name:
> Zimmer:
> Telefon:
> Mobil:
> Telefax:
>
> E-Mail:
> Datum:

Es ist nicht erforderlich, alle Angaben zu machen. Lediglich die empfohlene Reihenfolge sollten Sie beibehalten.

Anstelle der Bezeichnung „Name“ wäre es kundenorientierter, „Ihr Ansprechpartner“ oder „Ihr Gesprächspartner“ zu schreiben.

K

Klammern

Es gibt drei verschiedene Arten von Klammern:

( )

[ ]

< >

Die Klammern werden ohne Leerschritt vor beziehungsweise hinter den jeweiligen Textteil gesetzt, der eingeklammert werden soll.
Wenn Sie innerhalb eines Wortes etwas einklammern, zum Beispiel „Ober(schul)lehrer“, fügt sich die Klammer ohne Leerschritte in das Wort ein.
Die DIN 5008 regelt jedoch nicht, wann Sie welche Klammer benutzen sollten. In der Praxis hat sich jedoch die „normale“ Rundklammer durchgesetzt. Empfehlung: Verwenden Sie, wenn möglich, innerhalb eines Textes nur eine Art von Klammern.

Komma (siehe Satzzeichen)

Kontonummern (siehe Zahlen)

L

Länderkennzeichen (siehe Auslandsanschriften)

Länge eines Briefes

Wir leben in einer Zeit, in der die meisten Menschen unter akutem Zeitmangel leben. Deshalb: Wenn Sie möchten, dass Ihre Briefe wirklich gelesen werden, sollten Sie auf lange, umständliche Korrespondenz verzichten. Bemühen Sie sich, Dinge direkt anzusprechen, damit Ihr Brief nicht länger als eine Seite wird.

Haben Sie keine Angst vor Einzeilern. Wenn Sie nur eine kurze Nachricht mitzuteilen haben, dann formulieren Sie sie mit wenigen Worten. Sie haben weniger Arbeit mit dem Aufsetzen des Schreibens und der Empfänger hat die Kernaussage schneller erfasst, als wenn Sie in einem einseitigen Brief geschickt versteckt gewesen wäre.
Bauschen Sie Ihre Korrespondenz also nicht künstlich auf, weil Sie glauben „das sieht nach so wenig aus".

N

Nach Diktat verreist

Vorgesetzte, die einen Brief nicht selber unterschreiben können, weil sie schon wieder geschäftlich unterwegs sind, bitten ihre Mitarbeiterinnen und Mitarbeiter häufig, das Schreiben mit dem Zusatz „nach Diktat verreist" für den Chef zu unterzeichnen.
Dies ist zwar eine gängige Handhabung, doch nicht sonderlich zu empfehlen. Es geht doch niemanden etwas an, dass der Vorgesetzte schon wieder nicht im Büro weilt, oder? Empfehlenswerter ist es, der Mitarbeiterin/dem Mitarbeiter eine Unterschriftsvollmacht zu erteilen und sie/ihn mit „i. A." oder „i.V." unterschreiben zu lassen.

Nummern (siehe Zahlen)

O

Ortsteilnamen in Inlandsanschriften

Angaben von Ortsteilnamen im Anschriftenfeld, wie zum Beispiel „Frankfurt-Niederrad", entfallen heutzutage, da die Postleitzahlen die verschiedenen Stadtteile genau unterscheiden. Sollten Sie dennoch nicht auf die Angabe verzichten wollen, nennen Sie den Ortsteil korrekterweise vor der Zeile, in der das Postfach oder die Straße aufgeführt wird.

Beispiel:

Herrn
Peter Müller
Schaufenberg
Ratheimer Str. 12
41836 Hückelhoven

P

Persönlich

Nicht jeder Brief darf von allen gelesen werden. Einige Inhalte möchten Sie vielleicht hin und wieder gern vertraulich behandelt sehen. Sie haben verschiedene Möglichkeiten, Ihrem Brief einen „Persönlichkeitsvermerk“ zu geben.

Schreiben Sie beispielsweise an eine bestimmte Person innerhalb eines Unternehmens, sieht die Adresse so aus:

Persönlich

Frau Petra Kleiber
Mertens GmbH

Entgegen einer weit verbreiteten Annahme, ist es nicht ausreichend, den Empfänger vor dem Firmennamen zu nennen, um den persönlichen Charakter des Schreibens deutlich zu machen (Urteil des LAG Hamm). Der Vermerk „Persönlich“ oder „Vertraulich“ ist ein Muss, wenn Sie sicherstellen möchten, dass das Schreiben als persönlich betrachtet und nur vom Empfänger geöffnet wird.

Postfachnummern (siehe Zahlen)

Postleitzahlen (siehe Zahlen)

ppa.

Die Abkürzung steht für die Unterschriftvollmacht „per procura", die ins Handelsregister eingetragen werden muss.
Wenn Ihnen Prokura erteilt wurde, sollten Sie dies nach HGB mit Ihrer Unterschrift deutlich machen. Das bedeutet: Zu Ihrer Unterschrift gehört handschriftlich die Abkürzung ppa und nicht, wie häufig gehandhabt, der maschinenschriftliche Vermerk.

So also nicht:
Mit freundlichen Grüßen
Weber & Weber GmbH

Maria Schreiter
ppa. Maria Schreiter

Sondern so

Mit freundlichen Grüßen

Weber & Weber GmbH

ppa. Maria Schreiter
Maria Schreiter

Professor

Einen Professor oder eine Professorin sollten Sie in Ihrer Korrespondenz sowohl in der Anschrift als auch in der Anrede mit dem Titel ansprechen.

Folgendes gilt es zu beachten:

- Schreiben Sie den Professor immer aus – das ist höflicher.
- Schreiben Sie den Professor in die Zeile des Namens, wenn er „hinein passt".

Sollte der Professor-Titel die Kapazität der Zeile sprengen, setzen Sie ihn hinter den Herrn.

Frau
Professorin Gabi Meier

Der Professortitel steht vor dem Namen.

Herrn Professor
Friedrich. W. Riedelspacher-Wesselheimer

Der Professor-Titel steht oberhalb des Namens, da er ansonsten die Namenszeile sprengen würde. Das ist lediglich eine Notlösung.

Promille- und Prozentangaben

Das Zeichen für Promille lautet ‰. Um dieses Zeichen mit ihrem PC schreiben zu können, müssen Sie die Sonderzeichen aufrufen.
Das Zeichen für Prozent lautet: %
Beide Zeichen werden in der Regel mit je einem Leerschritt von der Ziffer oder der Bezeichnung abgesetzt.

Beispiele:

- Sie erhalten 5 % Rabatt.
- Er erhält eine Provision von 2 ‰

PS:

Das PS wird in der heutigen Korrespondenz kaum mehr in seiner ursprünglichen Form als „Post Skriptum", also um etwas Vergessenes anzufügen, verwendet. Nur bei Maschinen geschriebenen und handgeschriebenen Briefen kommt es noch in seiner einstigen Funktion zum Einsatz.

Mit dem PC geschriebene Briefe würden ein PS überflüssig machen, da nachträgliche Einschübe beliebig vorgenommen werden können. Das PS hat in der heutigen Zeit eine ganz andere Funktion übernommen. Es dient als rhetorisches Mittel, um am Ende eines Briefes auf eine bestimmte Sache aufmerksam zu machen – denn ein PS, das liest jeder! Sie möchten beispielsweise auf einen geänderten Termin oder auf Sonderkonditionen hinweisen oder sich noch einmal bedanken – dann verwenden Sie dazu das Post Skriptum. So gehen Sie sicher, dass der Empfänger Ihren Hinweis nicht überliest.

Punkt (siehe Satzzeichen)

R

Rechenzeichen

Rechenzeichen werden mit je einem Leerschritt vor und hinter den jeweiligen Zahlen verwendet.

Beispiele:

2 + 2 = 4
65 – 5 = 60
2 x 2 = 4
5 . 5 = 25
30 : 10 = 3

Wenn Sie aber mögen, können Sie den Punkt auch hochsetzen – die moderne Textverarbeitung macht's möglich.

Rechtschreibung

Es gilt die neue deutsche Rechtschreibung. Alle Schreibweisen, die die alte Rechtschreibung berücksichtigen sind falsch. Leider führte die Einführung der neuen Rechtschreibung auch zu Missverständnissen und Verwirrungen. So sind viele Briefeschreiber der Meinung, es gäbe keine „Grüße“ mehr und schreiben deshalb „Grüsse“. Das ist falsch. Es muss heißen „Freundliche Grüße“. So wie es auch „Straße“ heißt und nicht „Strasse“.

S

Satzzeichen

Die deutsche Korrespondenz könnte allein dadurch schon abwechslungsreicher sein, wenn ihre Verfasser mehr Gebrauch von den unterschiedlichen Satzzeichen machen würden. Leider verwenden die meisten von uns fast ausschließlich Punkt und Komma.

Greifen Sie ruhig häufiger auf Frage- und Ausrufezeichen zurück, damit Ihre Sätze unterschiedliche Wirkungen haben. Auch ein Semikolon unterteilt Ihre Sätze und ist sowohl eine Alternative zum Komma als auch zum Punkt.

Schrift

Wenn Sie einen Brief mit der Hand schreiben, sollten Sie über eine einigermaßen lesbare Handschrift verfügen.

Tipp: Ihre Handschrift wirkt schöner, wenn Sie einen Füller verwenden.

Sollte Ihre Handschrift allzu unleserlich sein, schreiben Sie lieber auch persönliche Briefe mit dem PC oder der Schreibmaschine und verweisen Sie kurz darauf, dass Sie dem Empfänger Ihre schlecht lesbare Handschrift nicht zumuten wollten.

Schriftart, Schriftgrößen

Die Empfehlung der DIN 5008 lautet: Verwenden Sie wegen der Lesbarkeit im fortlaufenden Text keine Schrift, die kleiner als 10 Punkt ist, und keine ausgefallenen Schriftarten, wie zum Beispiel Schreibschrift. In der Praxis haben sich die sehr gut lesbaren Schriften „Times New Roman“ und „Helvetica“ und die Schriftgröße 12 Punkt bewährt.

Seitennummerierung

Sollte Ihr Schreiben mehrere Seiten umfassen, empfiehlt es sich, sie einzeln zu nummerieren.
Die Nummerierung der Seiten wird folgendermaßen angebracht:

- Laut DIN 5008 befindet sich bei unbedruckten Briefblättern die Seitennummerierung in der fünften Zeile von oben, beziehungsweise 16,9 mm vom oberen Seitenrand entfernt.
- Sollte zum Beispiel ein Logo „im Wege stehen“, setzen Sie die Seitennummerierung mit einer Leerzeile vom Logo ab.
- Die richtige Nummerierung sieht so aus: – 2 –
- Am einfachsten ist es, Sie zentrieren die jeweilige Zahl.
- Der Brieftext sollte mit mindestens einer Leerzeile Abstand zur Seitennummer stehen.
- Es ist nicht korrekt, zum Ende einer Seite bereits die Seitenzahl der Folgeseite zu nennen.
- Beispiel: Am Ende von Seite 2 sollten Sie keine 3 schreiben, wie man es immer wieder sieht. Stattdessen weisen Sie durch drei Punkte am rechten Rand, die mit einer Leerzeile zum übrigen Text stehen, darauf hin, dass noch Seiten folgen.
- Es ist auch eine andere Seitennummerierung denkbar. Wenn Ihnen Seite 2 von 10 besser gefällt, so setzen Sie dies bitte an den oberen rechten Rand der entsprechenden Seite. Bei dieser Art der Kennzeichnung entfallen allerdings die drei Punkte am Ende einer Seite.

Seitenränder

Der korrekte Seitenrand, wenn Sie sich an der DIN 5008 orientieren, beträgt:

- 24,1 mm vom linken Rand,
- 20 mm vom rechten Rand.

In der privaten Korrespondenz sind diese Vorgaben nicht maßgeblich. Es spricht allerdings nichts dagegen, wenn Sie bei mit dem PC geschriebenen Briefen Ihre Randeinstellungen so vornehmen, da Ihr Schreiben dadurch übersichtlich wirkt.

Sperren

Ein Wort zu sperren ist nicht die optimale Art der Hervorhebung, da ein gesperrtes Wort den Lesefluss erheblich stört.
Sollten Sie dennoch davon Gebrauch machen wollen, beachten Sie, dass gesperrte Worte mit je drei Leerzeichen von dem vorangehenden und dem folgenden Wort geschrieben werden. Satzzeichen hinter einem gesperrten Wort werden so behandelt, als gehörten sie dazu.

Beispiel:
Unser absolutes T r a u m a n g e b o t ! Bestellen Sie noch heute.
Achtung: Zahlen werden innerhalb einer Sperrung nicht gesperrt.

Telefax

Ein Leben ohne Faxgerät können sich viele Menschen heutzutage nicht mehr vorstellen. Und in der Tat erlaubt der Versand von Fax-Nachrichten ein schnelles, unkompliziertes Arbeiten.
Damit Sie wirklich Zeit und Geld sparen und trotzdem die Höflichkeit wahren, hier einige Tipps rund um das Telefax:

- Versenden Sie keine Kondolenzbriefe oder offizielle Einladungen per Fax.
- Auch auf einem Fax hat die Abkürzung „MfG" nichts zu suchen.
- Bei Geschäftsvorgängen wie zum Beispiel Hotelreservierungen erleichtern Sie sich, beziehungsweise dem Hotel die Arbeit, wenn Sie

auch handgeschriebene Anmerkungen oder Bestätigungen akzeptieren.

- Mit der Bemerkung „Bitte bestätigen Sie mir die Buchung, auch gerne auf diesem Fax“ beschleunigen Sie die Bearbeitungsgeschwindigkeit. Der Empfänger weiß, ein handschriftlicher Vermerk reicht.
- Verwenden Sie möglichst keine Rahmen, Linien oder gar gerasterte Flächen, denn alle diese Gestaltungsmöglichkeiten erhöhen die Übertragungszeit der Faxnachricht beträchtlich und schrauben die Kosten in die Höhe.
- Wenn Sie über die technischen Voraussetzungen verfügen, programmieren Sie entweder Ihren Computer oder Ihr Faxgerät so, dass Faxsendungen zeitversetzt, möglichst zu günstigen Nachttarifen, verschickt werden.

Telexnummern (siehe Zahlen)

Titel

Titelträger wie zum Beispiel Doktoren, Professoren, aber auch Träger von Adelstiteln legen in der Regel Wert darauf, dass sie mit ihrem Titel angeredet und angeschrieben werden. Und so lange der Titelträger Sie nicht um Gegenteiliges bittet, sollten Sie ihn oder sie auf jeden Fall mit seinem Titel anschreiben. Mehr dazu lesen Sie unter dem Stichwort „Anreden“ und unter den Stichwörtern „Doktor“ und „Professor“.

U

Uhrzeitangaben

Nach der aktuellen DIN 5008 werden bei Uhrzeitangaben die Stunden, Minuten und Sekunden durch einen Doppelpunkt getrennt.

Beispiel: 11:25:33 Uhr

Es ist natürlich auch weiterhin erlaubt zu schreiben: Wir sehen uns um 12 Uhr.

Unterschrift

Prinzipiell sollte jeder Brief unterschrieben werden. Bei Massensendungen empfiehlt sich die Verwendung des sofortigen Eindrucks oder eines Faksimile-Stempels.

Eine Unterschrift muss zwar nicht lesbar sein, dafür sollte aber aus dem Brief eindeutig hervorgehen, wer der Verfasser ist, bzw. wer sonst noch unterschrieben hat. Am einfachsten ist es, Sie wiederholen unter der Unterschrift den vollständigen maschinenschriftlichen Namen des Unterschreibenden. Die Nennung des Vornamens ist ein Muss, da der Empfänger ansonsten nicht weiß, ob ihm eine Dame oder ein Herr schreibt. Dies hat nicht zwangsläufig zur Folge, dass Sie auch mit Vornamen unterschreiben müssen – das bleibt vollkommen Ihnen persönlich überlassen.

Wenn Sie einen Brief mit Ihr/Ihre/Eure/Euer/Dein/Deine unterschreiben, sollte das immer handschriftlich erfolgen. Das wird der persönlichen Bedeutung dieser Wörter gerecht.

Bei Briefen im Privatbereich reicht es, wenn Sie nur mit Ihrem Vornamen unterschreiben, vorausgesetzt, aus Ihrem Briefbogen geht Ihr vollständiger Name hervor. Denn wer weiß schon, ob der Empfänger nicht mehrere Menschen mit dem gleichen Vornamen kennt.

Unterstreichungen

Wenn Sie Textteile durch Unterstreichungen hervorheben möchten, unterstreichen Sie den entsprechenden Textteil vom ersten bis einschließlich zum letzten Zeichen.

Beispiele:

- Jetzt neu: Der Computer für Kinder.
- Jetzt neu: Der Computer für Kinder
- Die Chefredakteurin des Sekretärinnen-Handbuchs sagte: „Im Sekretärinnen-Handbuch finden Sie auf jede Frage eine Antwort.“

V

i. V.

Diese Abkürzung hat zwei Bedeutungen. Bei Behörden steht sie für „in Vertretung" und in Unternehmen für „in Vollmacht". Sie kennzeichnet also in jedem Fall eine Vertretungsvollmacht, die handschriftlich vor der Unterschrift wiederholt werden sollte.

Beispiel:

Mit freundlichen Grüßen

Weber & Weber GmbH

i. V. Rita Wesenburg
Rita Wesenburg

Versendungsvermerk

Versendungsvermerke sind Angaben im Adressfeld wie zum Beispiel:

- Einschreiben
- Einschreiben – Rückschein
- Eilzustellung
- Nicht nachsenden

Versendungsvermerke stehen in der ersten Zeile des Adressfeldes und werden mit einer Leerzeile zur Adresse geschrieben.

Beispiel:

Einschreiben – Rückschein

Frau
Gerda Berger
Am Messeturm 23

65399 Frankfurt

Verteiler

Setzen Sie den Verteiler mit einer Leerzeile vom Anlagevermerk oder mit einer Leerzeile von der maschinenschriftlichen Unterschrift ab. Wenn Sie nicht mehr ausreichend Platz auf der Seite haben, können Sie ihn auch auf Grad 50 beziehungsweise 125,7 mm vom linken Blattrand entfernt beginnen lassen.
Das Wort „Verteiler" können Sie durch Fettdruck hervorheben. Die Namen selber werden unterhalb des Wortes „Verteiler" aufgeführt.
Zur Verdeutlichung hier vier Anwendungsbeispiele:

Beispiel 1:

Mit freundlichen Grüßen

Walter Bau

(Unterschrift)
Wilhelm Biermann

Verteiler
Herrn Klaus Berger
Herrn Fred Müller

Beispiel 2:

Mit freundlichen Grüßen

Walter Bau

(Unterschrift)

Wilhelm Biermann

Anlagen
1 Lieferschein
3 Prospekte

Verteiler
Herrn Klaus Berger
Herrn Fred Müller

Beispiel 3:

Mit freundlichen Grüßen	**Verteiler**
	Herrn Klaus Berger
Walter Bau	Herrn Fred Müller
(Unterschrift) Wilhelm Biermann	

Beispiel 4:

Mit freundlichen Grüßen	**Anlagen**
	1 Lieferschein
Walter Bau	3 Prospekte
(Unterschrift) Wilhelm Biermann	**Verteiler** Herrn Klaus Berger Herrn Fred Müller

W

Währungszeichen und Münzbezeichnungen

Währungseinheiten und Münzbezeichnungen können je nach Vorliebe vor oder hinter dem Betrag stehen, wobei es sich im fortlaufenden Text jedoch empfiehlt, sie einheitlich hinter den Betrag zu setzen.
Die DIN 5008 erlaubt es Ihnen, die internationale Schreibweise für Währungseinheiten zu verwenden.

Beispiele:

CHF für Schweizer Franken
USD für US-Dollar

Z

Zahlen

Für die Korrespondenz gilt: Schreiben Sie alle Zahlen bis einschließlich zwölf aus.
Ansonsten sollten Sie Zahlen mit mehr als drei Stellen standardmäßig von rechts angefangen durch einen Punkt oder ein Leerzeichen trennen.

Beispiel:

1 000 Stück
95 000 Stück
98.000 EUR
6 000 Einwohner
24 000 000 Kilometer

Bankleitzahlen

Bankleitzahlen werden wie die meisten umfangreichen Zahlenfolgen gegliedert, damit sie besser zu lesen sind. Der Bankleitzahl wird ein BLZ ohne Doppelpunkt vorangestellt; es folgt ein Dreierblock, ein Leerzeichen, ein Dreierblock, ein Leerzeichen und ein Zweierblock.

Beispiel:

(BLZ 419 721 27)

Kontonummern

Die DIN 5008 macht zur Schreibweise von Kontonummern keine Angaben. Unsere Empfehlung: Gliedern Sie die Kontonummern lesefreundlich in Zweier- und Dreierblöcke auf.

Beispiel:

614 29 56

Postfachnummern

Postfachnummern werden zweistellig von rechts gegliedert.

Beispiele:

Postfach 3 22 63
Postfach 10 60

Postleitzahlen

Postleitzahlen werden nicht gegliedert, dies fordert die Post, um eine maschinelle Bearbeitung und eine kurze Laufzeit zu ermöglichen.
So nicht:

59 555 Lippstadt

So:

59555 Lippstadt

Telefonnummern

Telefonnummern werden nicht mehr gegliedert.

Beispiele:

23438
147799

Telefonnummern mit Vorwahl:
Telefonnummern mit Vorwahl werden auch nicht gegliedert; die Vorwahl wird nicht mehr in Klammern geschrieben.

Beispiel:

02941 32233

Telefonnummern mit Vorwahl und Durchwahlnummer
Durchwahlnummern werden wie alle anderen Bestandteile des Telefons nicht gegliedert. Die Durchwahlnummer wird mit einem Bindestrich von der „Stammnummer" getrennt.

Beispiele:

02941 854-4534
030 23546-438

Telefonnummern im Schriftverkehr mit dem Ausland
Geben Sie in der Korrespondenz mit ausländischen Geschäftspartnern Ihre Telefon- und Faxnummern so an, dass der Geschäftspartner Sie mühelos erreichen kann.
Besonderheit: Es entfällt die „0" der Vorwahl und es wird ein Pluszeichen und eine 49 vorweg geschrieben.

Beispiel:

+49 30 835969-245

Telexnummern

Auch Telexnummern werden nicht gegliedert.

Beispiele:

862365 OWD d
34246-0 rwe d
34246-21 rwe d

Zeilenabstand

Der Zeilenabstand für Geschäftsbriefe ist immer einzeilig. Lassen Sie sich nicht zu einem größeren Zeilenabstand hinreißen, nur damit Ihre Briefe länger aussehen. Denken Sie daran: Kurze Geschäftsbriefe werden lieber gelesen als lange.
Ausnahmen sind lediglich zulässig für Gutachten, Ausarbeitungen, Berichte, Diplomarbeiten, Hausarbeiten und Ähnliches.

Zu Händen

Zu Händen – z. H. – z. Hd. Egal, welche Variante Sie bisher verwendet oder auch gelesen haben: Verzichten Sie in Zukunft sowohl auf die Verwendung von „zu Händen" als auch auf die entsprechenden Abkürzungen.
Schreiben Sie nicht:
Müller GmbH
zu Händen Herrn Ralf Rehberg

Schreiben Sie statt dessen:

Müller GmbH
Herrn Ralf Rehberg

Sie sehen, auch wenn Sie auf das „zu Händen" verzichten, erreicht Ihr Brief den gewünschten Empfänger.

Korrespondenz-Praxis-Seminare mit der Autorin Claudia Hovermann

Sie wünschen sich nicht nur den passenden Musterbrief zur richtigen Gelegenheit, sondern würden außerdem noch gern Ihr Korrespondenzpotenzial wecken?

Besuchen Sie eines der deutschlandweit stattfindenden Korrespondenzseminare, in dem Sie lernen, empfängerorientierte Briefe zu schreiben, mit denen Sie bei Kunden und Geschäftspartnern einen guten Eindruck hinterlassen. Claudia Hovermann ist bekannt für ihre motivierenden und informativen Seminare. Freuen Sie sich auf einen spannenden und erfolgreichen Tag.

Selbstverständlich organisieren wir auch firmeninterne Schulungen für Sie.

Register

Abkürzung 282
Abmahnung 21
Abonnements 199
Absage 24, 32, 33, 40 ff., 184 f.
–, auf eine Bewerbung 24, 37
–, eines geschäftlichen Termins 35
–, im Einkauf 26
–, nach einem Vorstellungsgespräch 43
–, von Einladung und Termin 26
Absatz 283
Anfrage 47 ff.
–, Fremdenverkehrsamt 178
Anführungszeichen 283
Angebot 28 f., 52, 54 ff., 79
–, -(s)schreiben 53
Anlagevermerk 284
Anrede 285
Anschriftfeld 300
Antrag 247
Antwort 122, 124
Arbeitslos 68
Arbeitsplatz, Alkohol am 23
Arbeitsplatzwechsel 198
Arbeitsvertrag 22
Aufsicht 239
Aufzählung 303

Babysitter 115
Bank 57
Bankleitzahl 303, 338
Beanstandung 59
Begleitschreiben 231
Behörde 61, 64
Beileidsbrief 189 f.
Beitragserhöhung 259
Berufsbezeichnung 303
Beschwerde 72, 277
–, -briefe 69
–, -management 116
–, -schreiben 73, 122
Bestätigung 76, 79
–, -(s)schreiben 75
Betriebsfest 157
Betriebsprüfung 67
Bewerber 43
Bewerberin 43
Bewerbung 80 f.
–, Absagen auf 24
–, als Fonotypistin 84
–, als Fremdsprachensekretärin 85
–, als Heizungstechniker 87
–, als Kosmetikerin 88
–, als Marketingleiterin 82
–, als Speditionskauffrau 91
–, als Werkzeugmacher 94
–, für eine Stelle im Außendienst 86

–, für ein Praktikum 92
–, -(s)schreiben 80
–, um einen Ausbildungsplatz als Optiker 83
–, um ein Trainee-Programm 93
Bezüglich 304
Bezugszeichenzeile 304
Bindestrich 305
„Blind"-Bewerbung 89
Blocksatz 305
Briefanfang 305
Briefbogen 306
Briefende 306
Briefmarken 307
Bruchstrich 308
Bürokauffrau 280

c/o 309
Computer 309

Dank 105
–, -(es)brief 98
–, -(es)wort 98
–, -sagung 98 f., 183, 187
–, -schreiben 103, 104
–, -schreiben für die Beschaffung eines Ferienjobs 100
–, -schreiben für ein schönes Hochzeitsgeschenk 102
Datum 310
Deutsche Post AG 299
Dienstaufsichtsbeschwerde 242
Diktatzeichen 310
Diktieren 311
DIN 299
–, -Empfehlungen 299
–, 5008 313
–, 676 313
Doktor 313
Duden 299

E-Mail-Adressen 315
Einladung 106, 111 f., 133
–, einer Galerie 110
–, private 107
–, zur betrieblichen Weihnachtsfeier 108
–, zur Geburtstagsparty 31
–, zur Mitgliederversammlung 109
Einrücken 314
Einspruch 63, 248 f.
Einweihungsparty 253
Elektronische Post 314
Eltern 129
Empfehlung 310
–, -(s)schreiben 113 ff.
Entschuldigung 116, 121, 126
–, -(s)brief 116, 119 f., 123, 125
Etiketten 315

Faksimile 315
Falschlieferung 234
Fax 316
Fehlverhalten 21
Fettschrift 316

Finanzamt 246
Firma 316
Firmenjubiläum 180, 215
Firmung 181, 186 f.
Fisch 152
Folgeseite 316
Fragezeichen 317
Freistempler 189, 317
Fremdwort 317
Fristlose Kündigung 200
Fristverlängerung 249
Führungskraft 125
Füllwort 318

Garage 276
Gästebuch 318
Geburt 128
–, & Taufe 127
–, -(s)tag 138
–, -(s)tagsbrief 136 ff.
–, -(s)tagsgruß 118
Gedankenstrich 320
Gegen-Zeichen 320
Geldspende 245
Genesungsschreiben 153
Genesungswunsch 153, 158
Geschäftsadresse 254
Geschäftseröffnung 111, 159
Gesprächstermin 77
Glückwunsch 127, 131, 135, 141, 182
–, -brief 136
–, zur Hochzeit 160 f.
Gratulation 159, 186
–, -(s)schreiben 160, 180
–, -(s)- und Glückwunschschreiben 159
Gruß 164, 167, 169
–, -formeln 320

Haftpflichtversicherung 198
Handschrift 321
Handwerker 74
Handwerksbetrieb 74
Haushälterin 113 f.
Herr/Herrn 321
Hersteller 71
Hervorhebungen 322
Hochzeit 159
–, -(s)tag 163
Hotel & Urlaub 170

i. A. 322
i. V. 335
Ich 322
Immatrikulation 250
Informationsblock 323

Jubiläumsschreiben 179
Jungfrau 146

Kartensperrung 58
Kaufvertrag 235
Kindergeld 64
Klammern 324
Klausur 251

Kollegen 130
Komma 324
Kommunion 181
Konditionen 211
Kondolenzbrief 188, 193
Konfirmation 181, 182
–, -(s)geschenk 183
Kontonummer 324, 338
Krankenhaus 153, 154
–, -tagegeldversicherung 262
Krebs 144
Kreditinstitut 58
Kündigung 198, 260, 276
–, fristlose 200
–, eines Mietvertrages 201
–, -(s)schreiben 197

Länderkennzeichen 324
Länge eines Briefes 324
Lebenslauf einer Schulabgängerin 95
Lebenslauf eines Bäckers 96
Lebenslauf eines Hochschulabgängers 97
Lebensversicherung 263
Lieferstopp 212
Liefertermin 30, 75
Löwen 145

Mahngebühr 212, 213
Mahnung 203 ff., 208 ff.
Messe 110
Miete 275
Minderung 172
Mitarbeiter 126
Mitgliederrundschreiben 258
Mitgliederversammlung 109
Motivationsbrief 215 f.
Motivationsschreiben 214
Münzbezeichnungen 337
Musterungsbescheid 266
Musterungstermin 264

Nachbar 70
Nach Diktat verreist 325
Nachhilfeunterricht 101
Nachrichtenagenturen 228
Neujahrsbrief 218
Neujahrsgruß 217, 219 ff.
Nichtteilnahme 251
Nummer 325

Öffentlichkeitsarbeit 273
Operation 157
Ordnungsamt 73
Ortsteilnamen 325
Osterbrief 223
Osterfest 223
Ostergruß 117
Ostern 224

Papierlieferanten 226
Parkplatzvermietung 276
Partyservice 72
Personalchef 80
persönlich 326

Platzreservierung 175
Postfachnummern 327, 339
Postleitzahlen 327, 339
ppa. 327
PR-Bereich 89
Preiserhöhung 225, 226, 227
Pressemitteilung 228 ff.
Privatadresse 255
Professor 327
Promille- und Prozentangabe 328
Punkt 329
Putzfrau 113

Rang 286
Rechenzeichen 329
Rechnungsabschluss 59
Rechtschreibung 330
Rechtsschutzversicherung 202
Reisekostenrücktritts-versicherung 261
Reisevertrag 171
Reklamation 124, 234 f.
–, -(s)schreiben 233, 236
Religionsunterricht 239
Rentenauskunft 65
Reservierung 173, 175
–, -(s)bestätigung 171
Rückstellung vom Wehrdienst 265
Rundschreiben 259

Satzzeichen 330
Schrift 330
–, -art, Schriftgrößen 331
–, -verkehr 57
Schule 237
Schulkind 237
Schützen 149
Seitennummerierung 331
Seitenränder 332
Seminar 274
Skorpion 148
Sonderurlaub 68
Sparkassen 57
Spedition 227
Spendenaufruf 244 f.
Sperren 332
Sperrung einer Kredit- oder Scheckkarte 58
Stand 286
Steinbock 150
Sternzeichen 141
Steuer 246
–, -bescheid 63, 246, 248
–, -erklärung 62
Stier 142
Strafanzeige 241
Studium 250

Taufe 131 ff.
Teilzahlungs-Angebot 213
Telefax 332
Telefonnummer 256, 339, 340
Telexnummer 333, 341
Terminbestätigung 77 f.

Titel 286, 333

U. A. w. g. 27
Uhrzeitangabe 333
Umzug 238, 252 f.
–, -(s)party 253
Unpünktlichkeit 22
Unterschrift 334
Unterstreichung 334
Urlaub 170
–, -(s)bekanntschaft 168
–, -(s)gruß 166

Vereinbarung 76
Vereinsbriefe 257
Vereinsmitgliedschaft 260
Verlobungsfeier 112
Vermieter 277
Vernissage 110
Versendungsvermerk 335
Versicherung 202, 261
–, -(s)vertrag 198
Verteiler 336
Vorgesetzte 125, 126
Vorweihnachtsbrief 269

Waage 147
Währungszeichen 337
Wassermann 151
Wehrdienst 264 f.
Weihnachten 268
Weihnachtsbrief 267, 270 f.
Weihnachtsfeier 108
Weihnachtskarte 272
Werbebrief 273 f.
Werbung 240
Widder 141
Wohltätigkeitsveranstaltung 244
Wohnung 275

Zahlen 338
Zahlungserinnerung 205 ff.
Zeilenabstand 341
Zeugenladung 243
Zeugentermin 243
Zimmeranfrage 176, 177
Zimmerreservierung 173
Zwilling 143
Zwischenbescheid 279 ff